花田政範・松浦

JN036342

ゼロからできる
MarkovChainMonteCarlo
MCMC

マルコフ連鎖モンテカルロ法の実践的入門

講談社

まえがき

　本書では，様々な分野に応用が効く数値計算のテクニックであるマルコフ連鎖モンテカルロ法（Markov Chain Monte Carlo，MCMC）を解説します．マルコフ連鎖モンテカルロ法は

複雑な積分をしたい

複雑な確率の計算をしたい

という時に力を発揮する手法です．歴史的には物理学の分野で広く用いられてきましたが，最近では統計学の重要な道具として定着し，統計学的手法が重要な機械学習，金融などの分野でも用いられるようになっています．

　マルコフ連鎖モンテカルロ法はそれほど難しいものではありません．むしろ，極めて素直な発想に基づいたシンプルな手法です．もちろん，「シンプル＝簡単なことしかできない」と考えるのは大間違いです．どんなことにも言えますが，シンプルで本質を捉えたものほど幅の広い応用が可能になります．事実，量子物理学，ベイズ統計，組合せ最適化問題など，分野の違いはあったとしても，多くの問題が最終的に**確率と期待値**の問題に帰着され，マルコフ連鎖モンテカルロ法がその威力を発揮します．そんなわけで，マルコフ連鎖モンテカルロ法の基礎をある程度理解しておけば，分野に関係なく，自分で調べたいことができた時に，目的に合わせたコードがあっという間に書けてしまいますし，他の人が作った複雑なアルゴリズムの内容を理解できるようにもなります．良いことずくめです．

　ところが，非常に残念なことに，マルコフ連鎖モンテカルロ法を基本から実用レベルまで順を追ってわかりやすく書いてあるような入門的な教科書が存在しません．となると，マルコフ連鎖モンテカルロ法を勉強しようと思ったら，あちこちから情報を集め，知識のある人にアドバイスをもらい，トライ・アンド・エラーを繰り返しながら習得しなければなりません．初心者が自習で実用レベルに到達するのが難しいというのが実情なのです．

　そこで本書では，大学一年生程度の知識だけを仮定して，マルコフ連鎖モンテカルロ法の基礎的なアイデアを実例に基づいて解説し，この本一冊を読むだけで正しい考え方に基づいて自分でプログラムを書けるようになることを目標とします．実際に手を動かして理解できるように，本文中で扱う例の

多くについて実際のプログラムを提供します．既存のソフトウェアパッケージを使えれば良いという人もいると思いますが，そのような人にとっても，ブラックボックスの中身がどうなっているかを理解するためのヒントになるはずですし，ソフトウェアパッケージが使えない問題に行き当たった時にどうしたら良いかもわかるようになります．実際に勉強してみるとわかると思いますが，マルコフ連鎖モンテカルロ法はとても簡単なので，短いコードを書くだけですぐに計算ができてしまいます．ソフトウェアパッケージの使い方を理解するのにかかる時間の方が自分でコードを書くのにかかる時間よりもはるかに長いというのもよくある話です．本書では，基礎から一歩一歩をモットーに，ブラックボックスを作らず，明快な論理に基づいて，実用的な手法を身につけることを目指します．

本書の構成は以下の通りです．

第1章では，マルコフ連鎖モンテカルロ法がどのような問題をターゲットとしている手法なのか，なぜマルコフ連鎖モンテカルロ法を用いる必要があるのかを簡単に説明します．

すぐ後の第2章では，マルコフ連鎖を伴わない，最もシンプルなタイプのモンテカルロ法について解説します．この章を読めば，乱数を用いることの意味やマルコフ連鎖を用いる利点が理解できるはずです．

第3章ではマルコフ連鎖モンテカルロ法の一般論を解説します．どんなに複雑なアルゴリズムであっても，それがマルコフ連鎖モンテカルロ法と呼ばれる以上は一定の基準を満たすように作られています．この点を理解することで，実際の問題に合わせた自由自在な応用が可能となります．

第4章は一つの山場で，メトロポリス法と呼ばれるアルゴリズムを使って一変数の積分を行います．この例はシンプルですが，マルコフ連鎖モンテカルロ法のエッセンスはこの例で尽きていると言っても過言ではありません．特に，ここで解説する自己相関長や誤差，計算効率の評価は様々なデータ解析の基礎です．その背後にある，得られたデータから合理的な推定を行うためにはどうしたら良いか，そして，そもそも何をもって合理的とするのかといった考え方の基本を押さえれば，この考え方をあらゆる分野に応用できます．例えば，大規模シミュレーションに計算機資源を投入する際にはプロジェクトの展望を定量的な数字を挙げて説明することが求められますが，明確な根拠に基づいて説得力のある議論を展開できます．他にも，複数の計算方法がある時にどの方法が優れているかを定量的に評価するといった応用も

考えられるでしょう.

　第5章ではメトロポリス法を多変数積分に拡張します. 多くの変数を扱う時に必要な知識や技術はこの章の内容でほとんど尽きています.

　第6章ではメトロポリス法以外の代表的なアルゴリズムを解説します. この章で扱うのは, 応用範囲の広いHMC法, 応用範囲は狭いものの型にはまりさえすれば無類の威力を発揮するギブスサンプリング法, そして, この二つのアルゴリズムの基礎となっているメトロポリス・ヘイスティング法です. それぞれのアルゴリズムについて, アルゴリズム特有の利点や欠点, 注意点を解説します.

　第7章は応用例です. マルコフ連鎖モンテカルロ法には無数の応用がありますが, ここでは, 統計分野で頻繁に使われるベイズ統計, 物理学でよく使われるイジング模型, 組み合わせ最適化問題の典型例としておなじみの巡回セールスマン問題, そして, 自然の基礎法則を探究する素粒子物理学を取り上げます. それぞれの応用例には特有の問題がありますから, 単純なアルゴリズムだけでは対処しきれないこともあります. そのような場面では, マルコフ連鎖モンテカルロ法の基本を踏まえつつ柔軟に対処しなければなりません. この時に重要なのが第3章で述べられる一般論です. 基本を押さえているからこそ可能になる幅広い応用の一端に触れていただければと思います.

　第3章から第6章の最後に練習問題を載せています. 理解を確認する意味でも是非解いてみて下さい.

　本文のより深い理解や実際の応用に役に立つ解説を付録にまとめました. Appendix A では, 本文で登場したプログラムを一つ一つ解説しています. Appendix B では, 行列やガウス積分など, 本書で使われる数学の基礎を解説しています. Appendix C では, HMC法の背景になっている古典物理学のハミルトン方程式を解説しています. Appendix D では, 4章に登場するジャックナイフ法について補足的な説明をしています. Appendix E では, 連立方程式を逐次的に解くアルゴリズムの一つである共役勾配法について解説しています.

目　次

Chapter 1

なぜマルコフ連鎖モンテカルロ法が必要なのか

1.1 確率と期待値

確率と期待値の簡単な例から始めましょう．例えば宝くじを一枚だけ持っているとしましょう．そのくじは，ひょっとすると1等かもしれませんし，ハズレかもしれませんが，一枚のくじで1等と2等が同時に当たることはありません．このように，異なる事象が同時に起こらないという性質を**排他的**と言います．そこで一般に，排他的な事象 $A_1, A_2, A_3, \cdots$ があって，それらが起こる確率 $P(A_i)$ がわかっているとしましょう．宝くじの例なら，A_1 は1等で当選確率は $P(A_1) = 0.0001$，A_2 は2等で $P(A_2) = 0.001$，といった具合です．一枚しかないのですから，結果は1等当選，2等当選，$\cdots$，ハズレのどれか一つに決まります．このような場合，確率の合計は1です：

$$P(A_1) + P(A_2) + \cdots = 1. \tag{1.1}$$

貰える金額の**期待値**は，賞金額と確率の積を足しあげることで得られます．賞金額を $f(A_1) = 3$ 億円 という具合に $f(A_i)$ という関数で表すと，

$$賞金額の期待値 = \sum_{i=1,2,\cdots} f(A_i)P(A_i) \tag{1.2}$$

$$= f(A_1)P(A_1) + f(A_2)P(A_2) + \cdots \tag{1.3}$$

です．

似たような例として，個人の様々な能力と年収の関係なども考えられます．どのくらい数学ができるか，どのくらい運動神経が良いか，どのくらい人付き合いが良いか，などといった要素を $\{x\} = x_1, x_2, x_3, \cdots$ というパラメーターで表せたとします．$\{x\}$ が与えられた時，年収が M 円である確率が

$P(M|x_1, x_2, \cdots, x_n)$ だったとしましょう．ある大学の卒業生の能力分布が $P(x_1, x_2, \cdots, x_n)$ で与えられたとします．この分布は，教育方針次第で変化します．教育方針によって卒業生の年収がどう変化するかを調べたければ，

卒業生の年収の期待値

$$= \int dM \int dx_1 \cdots \int dx_n M \cdot P(M|x_1, \cdots, x_n) \cdot P(x_1, \cdots, x_n)$$

(1.4)

を計算すれば良いことになります[*1].

1.2　どうやって計算するか　〜次元の呪い

　式 (1.4) のような計算は，n が 1 か 2 くらいであればそれほど難しくありません．数値的に積分をしたければ，図 1.1 のように各変数を微小区間に分割し，積分を和で近似することができます（図 1.1 は一次元の絵ですが，同じことを x_1 から x_n の n 個の変数からなる n 次元でやるだけです）．分割を細かくしていけば，どんどん近似が良くなり，正しい値に収束します．このような計算は原理的にはとても簡単で，初心者でもあっという間にプログラムを書けるでしょう．

　しかし，現実にはこのような方法は機能しません．例えば x_1 から x_n の n 個の変数のそれぞれを 10 個の区間に分割したとすると，合計で 10^n 個の足

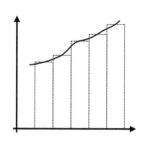

図 1.1　積分を長方形の面積の和で近似する．

[*1]　世の中にはお金より大事なものがたくさんありますが，議論を簡単にするためにここでは無視します．

し算をすることになります．10分割ではさすがに粗すぎると思って100分割したとすると，$100^n = 10^{2n}$ 個の足し算です．これは n が少し大きくなるとすぐに大変になります．2012年に運用が開始された当時世界最先端のスーパーコンピューター「京」は1秒間に10ペタフロップス $= 10^{16}$ 回の浮動小数点計算ができましたが，単純に足し算だけで良いとしても，$n = 10$ だとすでに $100^n/10^{16} = 10^4 = 1$万秒，約3時間かかります．これを $n = 12$ とするだけで，$100^n/10^{16} = 10^8 = 1$億秒，約3年です．実際には各点での関数の値を計算したりしなければならないのでこの何倍もかかります．みなさんがこの本を読んでいる時にはもっと高速の計算機が気軽に使えるようになっているかもしれませんが，それでも，n の値を少し大きくしたらお手上げであることに変わりはないでしょう．このように積分変数の数（積分の次元）n を大きくすると計算が大変になるという問題は**次元の呪い**と呼ばれています．

このような計算を**乱数**の力を使って現実的な計算機資源と計算時間で可能にするのがマルコフ連鎖モンテカルロ法です．計算量を減らす際に使う基本的なアイディアは

多くの場合，積分領域のほとんどは積分に寄与しない

というものです．

先ほどの卒業生の能力の例を考えてみましょう．数学が得意で運動神経もオリンピックレベル，性格も良くて誰にでも好かれる人付き合いの良い人— そんな人はまずいません．数学も国語もダメ，運動神経も悪くて，性格も最悪，などという人もまずいません．大抵の人間は多かれ少なかれ似通っていて，良いところもあれば悪いところもあり，大体同じような能力を持っていて，n 個の変数のほとんどは常識的な値になります．したがって，$P(x_1, x_2, \cdots, x_n)$ はほとんどの領域でほぼゼロになります．ごく稀に何でもできるスーパーマンがいてものすごい収入を得るかもしれませんが，そのような人の存在を無視しても，期待値はそれほど変わりません[*2]．であれば，(1.4) の計算を実行する時に，極端な能力値を示すような領域は考えずに，$P(x_1, x_2, \cdots, x_n)$ がある程度の大きさを持つ領域だけを足し上げれば十

[*2] もちろん，そのような人が世界的大企業を創業するなどして天文学的な収入を得た場合には期待値に影響します．実際のマルコフ連鎖モンテカルロ法では，そのような効果もちゃんと取り入れられるように工夫されています．

分に正しい結果が得られるはずです．このように，期待値の計算に影響する
「重要なパラメーター領域」，「確率の高い状態」だけをうまく切り出すこと
で計算量を減らすのがマルコフ連鎖モンテカルロ法の基本的なアイディアで
す[*3]．このアイディアをどうやって実現したら良いでしょうか？　そして，
そのどこに乱数が絡んでくるのでしょうか？　次の章では，具体例を交えな
がらそういった基本的な部分から解説して行くことにしましょう．

[*3]　「確率の高い状態」が積分領域のごく一部であることに加え，多くの問題で「確率の高い状態」は状
　　態の詳細に依らずに似通った結果を与えるという性質も計算量の削減に寄与します．物理学，特に統
　　計力学の知識がある人には，「典型的な状態（＝「確率の高い状態」）はどれも巨視的な量（例えば年
　　収）では区別がつかない」と言えばわかっていただけると思います．

Chapter 2

そもそもモンテカルロ法とは

　モンテカルロ法というのは乱数を用いた数値計算手法の総称です．もう少し具体的には，計算時間を長くすれば正しい答えにいくらでも近づけることが保証されている手法を意味するのが普通です．そこでまずは，マルコフ連鎖を使わない素朴なモンテカルロ法の例をいくつか見ておきましょう．素朴なモンテカルロ法は，素朴であるが故に取り扱いやすい反面，素朴であるが故に適用限界があります．解きたい問題に素朴なモンテカルロ法が使えるならそれに越したことはありませんし，同時に，その限界を知れば，この本の主題であるマルコフ連鎖モンテカルロ法の利点がよく理解できるはずです．

2.1　そもそも乱数とは

　乱数（random number）というのは，何らかの確率分布 $P(x)$ に従ってランダムに生成される数字の列のことです．サイコロを振って1から6の値を決めるのが典型例です．この場合，x は1から6までの整数で，確率は $P(1) = P(2) = P(3) = P(4) = P(5) = P(6) = \frac{1}{6}$ です[*1]．n 回サイコロを振って，$a_1, a_2, \cdots, a_n$ という乱数列が得られていたとしましょう．さらに一回サイコロを振って a_{n+1} を決めることができますが，1から6までのどの数字になるかは過去の履歴 $a_1, a_2, \cdots, a_n$ に依らずに $\frac{1}{6}$ ずつの確率で決まります．$a_1, a_2, \cdots, a_n$ を知っていても a_{n+1} は予測できません．このように，**過去の履歴に依らずに x の値が決まる**ことを「ランダム」であると言っています．

　まず，よく使われる乱数を二種類紹介しますので，感覚を掴んで下さい．そのあとで，数値計算によく使われる「乱数」は数学的に厳密な意味での乱

[*1]　サイコロに細工が施されている可能性は無視します．

数ではないことを説明し，それに伴う注意点を述べることにします．

2.1.1 一様乱数

区間 $[a,b]$ の間の実数を等確率で与える乱数を一様乱数と言います．実数と言われてもイメージが湧かない人は，1 から 6 だけではなくて 1 から巨大な値 N までの値を返すことができるサイコロをイメージして下さい．このサイコロは 1 から N までの値を等確率 $\frac{1}{N}$ で返します．この時，サイコロを振って j が出たら，$x = \frac{j}{N}$ という乱数を対応させる約束にすると，$\frac{1}{N}, \frac{2}{N}, \frac{N-1}{N}, 1$ という飛び飛びの値を均等な確率で得ることができます．N を無限大にした極限が 0 と 1 の間の一様乱数です [*2]．

計算機では有限の桁数しか取り扱えないので，コンピュータシミュレーションで使う乱数は実数の乱数ではなく，巨大なサイコロを振って得られるのと同じ，飛び飛びの乱数です．例えば C 言語には rand という関数があり，0 から RAND_MAX の間の整数値の乱数を返します [*3]．RAND_MAX の値は処理系に依存します．筆者のパソコンでは $2147483647 = 2^{31} - 1$ です．

2.1.2 ガウス乱数 (正規乱数)

一様乱数だけが乱数ではありません．確率が一定の関数に従って変わるような乱数も有用です．その一例として，ガウス関数 e^{-x^2} に従って確率が変わるガウス乱数（正規乱数）を考えましょう．

ただの一例と思うかも知れませんが，ここで述べることは初歩的ながら後々非常に重要です．と言うのも，すぐに説明する中心極限定理のために，ガウス関数は必然的にあらゆる場面に顔を出すからです．また，後で登場する確率密度という重要な概念の大切な具体例になっていますし，後の章でハイブリッド・モンテカルロ法（HMC 法）を導入する時にも不可欠なので，よく覚えておいて下さい．

ガウス関数の具体的な形を図 2.1 に示しました．見ての通り，この関数は原点から離れるにつれて急速に減衰します．そのため，この関数を $-\infty$ から $+\infty$ まで積分すると，無限の領域を積分しているにもかかわらず値が有限で，$\int_{-\infty}^{\infty} dx e^{-x^2} = \sqrt{\pi}$ となります．そこで，

[*2] 厳密にはこのようにして作ることができるのは有理数だけですが，数値計算をする上では問題にはなりません．

[*3] あとで述べるように，正確には「擬似乱数」です．

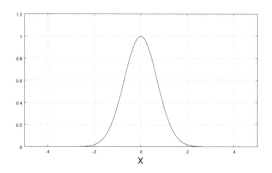

図 2.1 ガウス関数 e^{-x^2}.

$$P(x) = \frac{e^{-x^2}}{\sqrt{\pi}} \tag{2.1}$$

のように積分値が 1 になるように規格化すれば x の確率分布 [*4] と解釈できます（確率分布と解釈できるためには，値が正で全体の積分値が 1 である必要があります）.

より一般に，分布の幅を規定するパラメーター σ を導入し，分布の中心が 0 でなくても良いとすると，

$$P_{\sigma,\mu}(x) = \frac{e^{-\frac{(x-\mu)^2}{2\sigma^2}}}{\sqrt{2\pi}\sigma} \tag{2.2}$$

を考えることができます．上の例は $\sigma = \frac{1}{\sqrt{2}}, \mu = 0$ でした．$\sigma = 1, 2, 4, \mu = 0$ のグラフを図 2.2 に示しました．このような確率分布（ガウス分布，あるいは正規分布）に従う乱数をガウス乱数 (正規乱数) と呼びます.

ガウス乱数は日常の様々な場面に登場しますが，最も典型的なのは測定誤差です．これを見ておくのは後々のためにも悪くないでしょう.

今，何かの測定を行ったとしましょう．この測定は複雑な実験かも知れませんし，巻き尺で距離を測るような簡単なものでも構いません．いずれにしても，測定には誤差がつきものです．誤差の要因は様々ですが，ざっくりと簡単化して，K 種類の要因があり，それぞれが独立にランダムな誤差を与えるとします．すると，測定結果は，この K 種類の乱数を足し算した分だけ正

[*4] 微小量 dx に対して，区間 $[x, x+dx]$ の値が確率 $P(x)dx$ で与えられます.

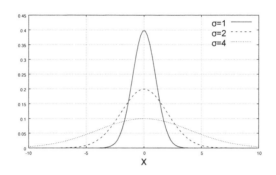

図 2.2　規格化されたガウス関数（正規分布）$P_\sigma(x) = \dfrac{e^{-\frac{x^2}{2\sigma^2}}}{\sqrt{2\pi}\sigma}$, $\sigma = 1, 2, 4$.

しい値からずれることになります.

　ここで, K が十分に大きいと面白いことが起こります. たくさんの乱数を
足し算した結果として生じる「誤差」の分布は, その原因の詳細に依らずに
ガウス乱数になってしまうのです. これは数学的に証明することもできて,
中心極限定理と呼ばれます.

　これを納得するには具体例を見るのが一番です. 簡単のために, K 種類の
誤差の源のそれぞれが $[-0.5, +0.5]$ の範囲の一様乱数だけ結果を揺らがせる
と仮定します. すると, 全体のエラーは K 個の一様乱数の和です. この一
様乱数を計算機を使って生成し, $K = 1, 2, 3, 4, 5, 100$ について乱数の和の
分布密度をプロットしたのが図 2.3 です. ただし, 乱数の和を x とし, 見や
すくなるように横軸を $x/\sqrt{K}$ としています (x の平均値は $\sqrt{K}$ に比例して
広がります).

　当たり前ですが, $K = 1$ は一様分布です. $K = 2$ は直線的な傾きの山に
見えます. ここまではガウス分布とは似ても似つきません. しかし, $K = 3$
か $K = 4$ になると, 分布はほとんどガウス分布に見えます. もちろん, 完全
なガウス分布になるためには $K \to \infty$ とする必要がありますが, 高々 3〜4
種類の要因があるだけでその分布がここまでガウス分布に近づくのです. 実
際の測定で生じる誤差がガウス分布に従うだろうと仮定するのはそれほど不
自然ではありません（この例は, 3.1 節で紹介するランダムウォークと本質
的に同じです）. ガウス乱数が統計的な解析で誤差を評価する際に重要な役

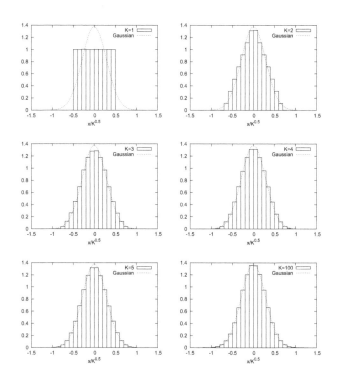

図 2.3　$[-0.5, +0.5]$ の範囲の一様乱数を K 個足し合わせた値 x の分布. 横軸は $x/\sqrt{K}$ として
いる. 点線は $K = 100$ の結果をガウシアンでフィットしたもの. K が大きくなるとガウ
ス乱数に収束していることがわかる. 幅 σ は $\sqrt{K}$ に比例している（K の値ごとに 100
万サンプルを生成してプロットを作成）.

割を果たす理由を理解していただけたでしょうか.

　同じ考え方を他の例, 例えば人間の身長の分布に適用してみましょう. 世
の中には身長の高い人も低い人もいますが, 非常にざっくりと, 平均値に朝
型か夜型かといった生活習慣, 牛乳や肉が好きか嫌いかといった食習慣, 両
親の身長が高いか低いかといった遺伝的要因などによるプラスまたはマイナ
スの影響を加えて個々人の身長が決まるものと考えてみましょう. このよう
なプラスまたはマイナスの影響を上の例で考えた誤差と同一視すれば, その
分布が平均値の周りでガウス分布すると期待できます. 事実, 身長の分布を
実際に作成するとガウス分布で近似できることが知られています. 中心極限

定理に基づいた類推が現実を説明している例です．身長の例に限らず，ガウス分布で精度よく近似できる例は他にもたくさんあります．

　念のために注意しますが，中心極限定理にはいくつかの前提があるので，何でもかんでもガウス分布になると考えるのは間違いです．例えば金融市場の価格変動率などは冪分布（x^{-p} のような形）になると指摘されており，ガウス分布の類似物である対数正規分布を仮定すると大きな価格変動のリスクを過小評価してしまう可能性があります．ガウス分布は数学的に取り扱いやすいこともあって様々な場面で用いられますが，理論的に正当化できない場合にまで無批判に適用するのは危険です．

2.1.3　乱数と擬似乱数の違い

　ところで，数値シミュレーションには膨大な数の乱数が必要になるので，毎回本物のサイコロを振るわけにもいきません．現実的には，何らかのアルゴリズムに従ってほとんど乱数に見える**擬似乱数**を生成して利用することになります．本書のレベルでは擬似乱数と本当の乱数の違いが問題になる可能性は低いですが，違いを理解しておくことは大切です．このタイミングで説明しておくことにしましょう．

　これも具体例を見るのが一番なので，まずは疑似乱数の典型例である**線形合同法**を紹介しましょう．まず，適切な自然数 a, b, M に対して，

$$x_{n+1} = ax_n + b \pmod{M}$$

という漸化式を用意します．右辺の「$\mathrm{mod}\ M$」は M で割った余りという意味です．初項となる整数 $x_0\ (0 \leq x_0 \leq M-1)$ を適切に設定すると，この漸化式に従って，0 から $M-1$ までの整数 がバラバラに現れる数列 $\{x_n\}$ を作れます．これが線形合同法です．このアルゴリズムは単純なので，手軽に乱数を得たい時には重宝します．

　ただし，この数列が本当の意味で乱数列かというとそうでもなく，扱いには注意が必要です．実際，この数列は初項 x_0 が同じなら全く同じになります．ということは，ある段階で $x_m = x_0$ となったら，その後は $\{x_0 \cdots x_{m-1}\}$ という数列が繰り返されることになるので，生成される数列には必ず周期性があり，その周期は最大でも M です．他にも，漸化式や初項の選び方によっては分布に偏りが出る場合があることが知られています．

　このように，線形合同法で得られる数列はあくまで「ほとんど乱数に見え

る列」です．この事情は，程度の差こそあれ，疑似乱数を生成する全てのアルゴリズムに共通しています．擬似乱数を作成するためには必ず初期値に対応するシード (seed, 種) を設定する必要があり，シードが同じなら同じ「乱数列」が生成されます．さらに，その列には必ず周期性がありますし，アルゴリズムによっては分布に偏りが出る恐れもあります．「疑似」乱数と呼ばれる所以です．

疑似乱数のこの特性を理解していないと思わぬ落とし穴にはまることがあります．例えば，大量の乱数が必要な計算をする時に短い周期性を持つアルゴリズムを使うのは避けた方が良いでしょう．線形合同法はパソコンの組み込み乱数として使われることが多いですが，筆者のパソコンではその周期は最大でも $2^{31} - 1$ で，大量の乱数を消費するコードを書いたら周期性が問題になる可能性は否定できません．他にも，4.7.3 節の例のように，シードの設定ミスで同一の短い擬似乱数列を繰り返し用いてしまって間違った答えを導いてしまうことがあります．これは本書のレベルであっても表面化しやすい問題です．

実用的な疑似乱数のアルゴリズムには，このような問題が生じないように様々な工夫が施されるのが普通です．例えば，優れた擬似乱数と言われているメルセンヌツイスタ（Mersenne twister）[1] の周期は $2^{19937} - 1$ で，実用上は問題なく使うことができます．

2.2 一様乱数を用いた積分

さて，準備が整ったので，具体例を使って，乱数を使って素朴なモンテカルロ法に基づいた計算をしてみましょう．C 言語で書いたサンプルコードを提供しますので，是非，実際にプログラムを動かしてみて下さい．「乱数を使って計算する」ということの意味がわかると思いますし，素朴なモンテカルロ法の限界も肌で感じていただけると思います．

2.2.1 一様乱数を用いた円周率の計算

手始めに，シンプルなモンテカルロ法がうまく機能する例として，乱数を使って図 2.4 に灰色で示した扇形の面積を評価してみましょう．この領域は半径が 1 の円のちょうど 1/4 なので，面積は $\frac{\pi}{4}$ となるはずです．したがっ

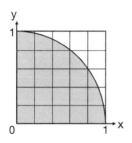 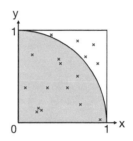

図 2.4　$x^2 + y^2 < 1$ となる領域（灰色）の面積を求めたい．[左] 細かいマス目に区切り，灰色の領域と重なるマス目の数を数える．[右] 乱数を振り，灰色の領域に入った点の数を数える．

て，これはモンテカルロ法を使った円周率の計算に他なりません．

　普通は，図 2.4 の左側のように細かいマス目に区切り，灰色の領域と重なるマス目の数を数えることで面積を近似することが多いでしょう．マス目を無限に細かくすれば，面積が厳密に計算できます．これは通常の積分の定義と同じです．

　モンテカルロ法による評価は次のようになります．0 と 1 の間の一様乱数 x と y を生成します．$x^2 + y^2 < 1$ となるのは点 (x, y) が扇形の領域にある時です．図 2.4 の全体（$0 \leq x \leq 1, 0 \leq y \leq 1$）の面積は 1 で，扇形の面積は $\frac{\pi}{4}$ なので，図 2.4 の右側のようにして何回も乱数を振って $x^2 + y^2 < 1$ となった回数（扇形に入った回数）を数えていくと，確率は $\frac{\pi}{4}$ に収束するはずです．

　C 言語のサンプルコードを見てみましょう：

```
#include <stdio.h>
#include <stdlib.h>
#include <time.h>

int main(void){
  int niter=1000;      //サンプル数を指定．ここでは 1000 とした
  srand((unsigned)time(NULL));      //乱数生成器の種を設定
```

```
  int n_in=0;     //扇形に入った回数のカウンターを初期化
/************/
/* Main loop */
/************/
  for(int iter=1;iter<niter+1;iter++){

  double x = (double)rand()/RAND_MAX;
  double y = (double)rand()/RAND_MAX;
//↑ 0 と 1 の間の一様乱数 x,y を生成

    if(x*x+y*y < 1e0)     //x^2+y^2<1 だったら...
     n_in=n_in+1;     //n_in に 1 を足す
    printf("%d   %.10f\n",iter,(double)n_in/iter);}
}
```

　まず最初に，C に準備されている組み込み乱数 **rand** を使うために **stdlib.h** をインクルードしました．次に

```
srand((unsigned)time(NULL));
```

として乱数生成器の種を設定しています．ここではシステムに内蔵されているデフォルトの乱数生成器を用いています．毎回同じ乱数列を使うとよくないので，システムの現在時刻を種としています．**n_in** は (x, y) が扇形に入った回数を数えるカウンターです．

　これに続く 'main loop' がメインとなる繰り返し部分です．**niter** はシミュレーションで集める x の個数です (繰り返し (iteration) の回数 <u>n</u>umber of <u>iter</u>ation という意味です)．

```
double x = (double)rand()/RAND_MAX;
double y = (double)rand()/RAND_MAX;
```

とすることで区間 $[0, 1]$ の一様乱数を生成しています（**rand()** は 0 と **RAND_MAX** の間の整数を返します）．その直後の **if** 文で，$x^2 + y^2 < 1$ が成り立つ場合には **n_in** に 1 を加えています．

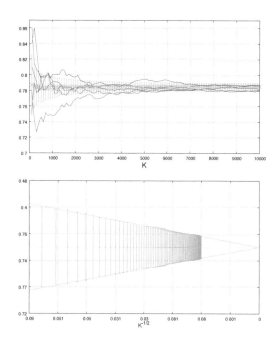

図 2.5 　[上]$x^2 + y^2 < 1$ となった確率．横軸は評価に用いた乱数の数で，エラーバーは疑似乱数
の初期値を変えたシミュレーションを 100 回実行した結果の標準偏差．曲線は代表的な結
果をプロットしている．$\frac{\pi}{4} \simeq 0.785$ に収束していくことがわかる．[下] 横軸を $1/\sqrt{K}$ と
した時の誤差の振る舞い．誤差が $1/\sqrt{K}$ に比例して小さくなることがわかる．

　乱数を K 回振った時に $x^2 + y^2 < 1$ となる確率を図示したのが図 2.5 の上
図です．ここでは 100 通りの異なる乱数列を試し，その中から代表的な 5 個
の結果を表示しています．エラーバーは 100 通りの結果の標準偏差で，誤差
に相当します．どの場合も徐々に厳密値 $\frac{\pi}{4}$ に近づいていくのがわかります．
実は，理論的な考察からも，正しい答えからの誤差は $\frac{1}{\sqrt{K}}$ に比例して小さく
なっていくと期待されます[*5]．そこで，横軸を $\frac{1}{\sqrt{K}}$ として K の大きな領域
での誤差の振る舞いをプロットしたのが図 2.5 の下図です．期待通り，厳密
解 $\frac{\pi}{4}$ からのズレが大体 $\frac{1}{\sqrt{K}}$ に比例して小さくなっていくことが見て取れま
す．素朴なモンテカルロ法がうまく機能していることがわかりました．

---

　*5　こうなる理由は 3.1 節で説明するランダムウォークの性質からわかりますので，考えてみて下さい．

2.2.2 一様乱数を用いた定積分

次に，$y = f(x)$ という関数の定積分 $\int_a^b dx f(x)$ を考えてみましょう．積分の定義に忠実に従うなら，図 1.1 のように短冊形に切り，長方形の面積の和で積分を近似するところですが，乱数を使うと次のように計算できます．

x を a と b の間の一様乱数とします[*6]．乱数 x を一つ選んで $f(x)$ を計算してもでたらめな値が得られるだけですが，乱数をたくさん作ったらどうなるでしょう？ $x^{(1)}, x^{(2)}, ..., x^{(K)}$ という K 個の乱数は，K が大きければ，a と b の間にムラなく散らばると期待されます．すると，平均値 $\frac{1}{K}\sum_{k=1}^{K} f(x^{(k)})$ は $\frac{1}{b-a}\int_a^b dx f(x)$ の良い近似になり，特に K が無限大の極限では厳密に一致するはずです．これを数式を用いて書くと

$$\lim_{K\to\infty} \frac{1}{K}\sum_{k=1}^{K} f(x^{(k)}) = \frac{1}{b-a}\int_a^b dx f(x) \tag{2.3}$$

となります．

例として $a = 0$, $b = 1$, $f(x) = \sqrt{1-x^2}$ を考えてみましょう．これは先ほど計算した扇形の面積と同じで，$\frac{\pi}{4}$ になるはずです．その結果が図 2.6 です．図 2.5 と同様，上図の折れ線は代表的な 5 個のシミュレーション結果で，エラーバーは 100 通りの異なる乱数列から計算された結果の標準偏差です．下図は横軸を $\frac{1}{\sqrt{K}}$ として K の大きな領域での誤差の振る舞いをプロットしたものです．この場合も徐々に厳密値 $\frac{\pi}{4}$ に近づいていくこと，そして，正しい答えからの誤差が $\frac{1}{\sqrt{K}}$ に比例して小さくなっていくことがわかります．この例でも素朴なモンテカルロ法がうまく機能しているということです．

コードは先ほどとほとんど同じですが，一応説明しておきましょう：

```c
#include <stdio.h>
#include <stdlib.h>
#include <math.h>
#include <time.h>

int main(void){
  int niter=1000;     //サンプル数を指定
```

[*6] 0 と 1 の間の一様乱数 x' から，$x = a + (b-a)x'$ として作れます．

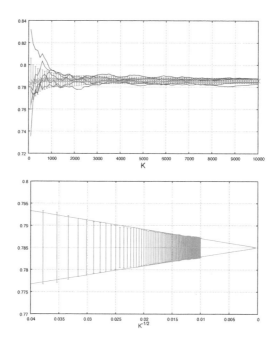

図 2.6　区間 $[0, 1]$ の一様乱数 x を生成し，$f(x) = \sqrt{1 - x^2}$ の平均値を計算したもの．[上] 疑似乱数の初期値を変えたシミュレーションを 100 回実行した結果の標準偏差（誤差）と，代表的な 5 個の結果をプロットしており，$\frac{\pi}{4} \simeq 0.785$ に収束していくことがわかる．[下] 横軸を $1/\sqrt{K}$ とした時の誤差の振る舞い．ここでも誤差が $1/\sqrt{K}$ に比例して小さくなることがわかる．

```
  srand((unsigned)time(NULL));      //乱数生成器の種を設定

  double sum_y=0e0;
/*************/
/* Main loop */
/*************/
  for(int iter=1;iter<niter+1;iter++){
  double x = (double)rand()/RAND_MAX;
//↑ 0 と 1 の間の一様乱数 x を生成
```

```
  double y=sqrt(1e0-x*x);
  sum_y=sum_y+y;
    printf("%d   %.10f\n",iter,sum_y/iter);}
//↑ y の平均値を出力
}
```

区間 $[0,1]$ の乱数 x を生成，$y = \sqrt{1-x^2}$ を計算した後，y の和を **sum_y** として保存し，試行回数 **iter** で割ることで平均値を計算しています.

2.2.3　ガウス積分　〜重点サンプリングが重要になる例

　ここまでの例では素朴な方法がうまく機能していましたが，素朴な方法がうまくいかない例として，ガウス関数 $\frac{1}{\sqrt{2\pi}}e^{-\frac{x^2}{2}}$ を積分してみましょう. この関数は (2.2) で幅 σ を 1 としたもので，$-\infty$ から $+\infty$ まで積分すると 1 になるように規格化されています.

● **素朴なモンテカルロ法は無駄が多い**

　この関数を $-a$ から a まで積分してみましょう. 区間 $[-a, a]$ の一様乱数を生成すれば，$\frac{1}{\sqrt{2\pi}}e^{-\frac{x^2}{2}}$ のこの区間での平均値が計算できるはずです. 平均値に区間の幅 $2a$ を掛ければ，積分値 $\int_{-a}^{a} \frac{dx}{\sqrt{2\pi}}e^{-\frac{x^2}{2}}$ になります.

　この方法で $a = 2, 10, 100, 1000, 10000$ について計算した結果が図 2.7 です. 上図は，乱数を振った回数 K を横軸に取り，各 a ごとに平均値をプロットしました. 下図は，乱数を 100 通り変えてこの計算を行い，それぞれの K での誤差をプロットしたものです. この図から何がわかるでしょうか？

　まず，どの a についても，気長に待ち続ければ平均値が収束することがわかります. 収束した先は正しい積分値になることは保証されています. これは基本的には先ほどの計算と同じです. しかし，a が大きくなると収束がどんどん遅くなっています. また，$a = 1000, 10000$ ではグラフがカクカクしています. これは何故でしょうか？

　理由を理解するために，具体例として $a = 10000$ の場合を考えてみましょう. 図 2.2 を見ると，ガウス関数は x が大きくなるに従って急激にゼロに近づくことがわかります. 実際，$\int_{-2}^{2} \frac{dx}{\sqrt{2\pi}}e^{-\frac{x^2}{2}} \simeq 0.95$，$\int_{-3}^{3} \frac{dx}{\sqrt{2\pi}}e^{-\frac{x^2}{2}} \simeq 0.997$，$\int_{-4}^{4} \frac{dx}{\sqrt{2\pi}}e^{-\frac{x^2}{2}} \simeq 0.9999$，$\int_{-5}^{5} \frac{dx}{\sqrt{2\pi}}e^{-\frac{x^2}{2}} \simeq 0.999999$ という感じで，x があ

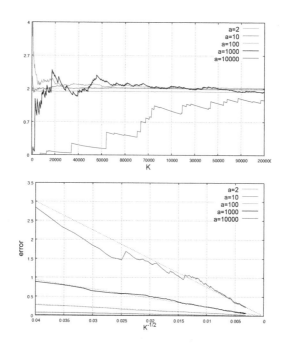

図 2.7 区間 $[-a, a]$ の一様乱数 x を生成し, ガウス関数 $\frac{1}{\sqrt{2\pi}} e^{-\frac{x^2}{2}}$ の積分を計算した結果. [上] それぞれの a における平均値を平均をとるのに用いた乱数の個数 K に対してプロットしたもの. [下] 同じ計算を 100 回行うことで得られた誤差を $1/\sqrt{K}$ に対してプロットしたもの. 点線は K の大きなデータに対してフィッティングした結果.

る程度大きい領域は積分にほとんど寄与しません. ところが, -10000 と $+10000$ の間で一様乱数を振ると, $|x| > 2$ となる確率は 99.98% です. K 個のサンプルの平均を取っているのに, サンプルの 99.9% 以上は積分にほとんど寄与していないわけです. これは, 実質的にはサンプルの数は $\frac{K}{10000}$ くらいしかないことを意味します (「実質的なサンプル数」の数え方は 4.3 節で (マルコフ連鎖モンテカルロ法の場合についてだけですが) 詳しく説明します). 99.9% 以上の時間は無駄な計算に費やされているわけです. グラフがカクカクするのは, 数千回から数万回に一度, 偶然十分小さな x を拾った時にだけ大きな寄与があってジャンプをするためである, というのが結論です.

　もっとも, これくらい簡単な計算であれば, 99.9% 以上を無駄遣いしたと

してもそれほどの時間はかからないので，深く気にすることもないでしょう．しかし，多変数の場合にはそうはいきません．

　簡単な例として，高次元のガウス関数 $f(x_1, \cdots, x_n) = e^{-\frac{x_1^2 + \cdots x_n^2}{2}}$ を $0 \le r \le 10000$ $(r = \sqrt{x_1^2 + \cdots + x_n^2})$ の範囲で積分してみましょう．計算方法自体は多変数になっても同じです．定積分 $\int dx_1 \cdots dx_n f(x_1, \cdots, x_n)$ を計算するためには，変数の組 $(x_1, \cdots, x_n)$ を一様かつランダムに生成し，$f(x_1, \cdots, x_n)$ を計算して平均値を取り，積分領域の体積を掛けてやれば良いだけ．要するに，図 1.1 で示した計算の高次元版です．ところが，1 次元の時と同様，大きな x の領域は積分にほとんど寄与しません．しかも，次元が大きくなるとこのような「無駄」な領域が積分領域全体のほとんどを占めるようになります．$n = 10$ では $r > 2$ となる確率が約 99.999996% となり，1 次元の時の 99.98% と比べて格段に大きくなります．もちろん，この領域はガウス積分にはほとんど寄与しません．状況は次元 n が大きくなるにつれてどんどん悪くなり，$n = 100$ の場合には $9000 < r < 10000$ となる確率が約 99.997% になります．もちろん，この領域の積分への寄与はゼロと言っても差し支えない大きさです．ここまで無駄遣いが多くなると，正しい値に収束する時間が絶望的に長くなり，全く使い物になりません．

● 困難を逆手に取る方法：重点サンプリング

　ここで少し視点を変えてみましょう．「ほとんどの領域は積分に寄与しない」ということは，逆に言えば，積分に寄与する領域は限られているということです．乱数をこの限られた領域だけに集中するようにすれば，逆に効率よく計算できないでしょうか？　例えば，単純に積分に主に寄与する領域だけに乱数を発生させてモンテカルロ法で計算し，あとは誤差だと思って無視してみたらどうなるでしょうか？　これは思いの外うまく行って，高次元ガウス積分であれば，$x_1^2 + \cdots x_n^2 < 3$ くらいに積分範囲を限定すれば計算量を大幅に削減しつつそこそこ良い近似が得られます．実際にこの方法を採用するなら，$R_1 \le x_1^2 + \cdots x_n^2 < R_2$ の範囲で一様乱数を生成するようにし，まずは $(R_1, R_2) = (0, 1)$ の寄与を，続いて $(R_1, R_2) = (1, 2)$ の寄与，$(R_1, R_2) = (2, 3)$ の寄与，と計算していって，積分領域を広げても答えがほとんど変化しなくなったら計算を打ち切れば良いでしょう．

　しかし，この方法には大きな問題が二つあります．まず，複雑な関数の場

合には誤差の大きさをどう見積もれば良いかがわからないという問題. そして, より深刻な問題として, 多変数の積分になるとどの領域が寄与するかを判断するのが難しいという問題です. 一変数か二変数ならグラフを描けば良いですが, 三変数以上になると, 余程簡単な関数以外はお手上げでしょう.

　少々先取りですが, この問題を解決するのがマルコフ連鎖モンテカルロ法です. この方法を用いると, 関数の振る舞いの詳細は知らなくても, 計算時間のほとんどを積分への寄与が大きな領域の計算に使うことができます. これを**重点サンプリング**と言います (もちろん詳細がわかっているに越したことはありませんが). 先ほどの計算のように積分への寄与が小さな領域を完全に無視するのではなく, その領域の寄与も適切に盛り込む工夫がなされているので, 計算時間を長くすれば正しい答えに収束することが保証されています. また, これまでに説明した例では乱数を用いても短冊に切っても簡単な時は簡単, 困難な時は困難で, 乱数を用いたご利益があまりありませんでしたが, マルコフ連鎖モンテカルロ法では乱数を用いることが本質的に重要になります.

　早速その方法を説明したいところですが, その前にもう一つ準備が必要です. **確率分布**と**期待値**の概念です.

2.3　期待値と積分

　結論から言ってしまうと, マルコフ連鎖モンテカルロ法は**確率分布**を生成するための方法です. したがって, マルコフ連鎖モンテカルロ法で一番素直に計算できるのは**期待値**なのですが, その事情を理解するために, 確率分布と期待値の概念が**積分**とどのように関係しているかを把握しておく必要があります (マルコフ連鎖モンテカルロ法で期待値ではなくて積分そのものを計算する方法は 4.5 節で紹介します).

　簡単な例として, 区間 $a \leq x \leq b$ に確率分布 $P(x)$ が定義されているとしましょう. 「確率」なので, 次の二つの条件を満たしている必要があります:

1. $a \leq x \leq b$ のあらゆる点で $P(x) \geq 0$.
2. $\int_a^b dx P(x) = 1$.

前者は確率は負にはならないという要請, 後者は確率の合計が 1 であるとい

う要請です. この時, 関数 $f(x)$ の期待値 $\langle f(x) \rangle$ は

$$\langle f(x) \rangle = \int_a^b dx f(x) P(x) \tag{2.4}$$

で定義されます. これは前節で取り扱った積分とよく似ています. 実際, この期待値を乱数を使って計算したければ, a と b の間の一様乱数 x を生成し, $f(x)P(x)$ を計算してその平均を取るだけで構いません.

この視点から見ると, 前節で説明した定積分は特殊な意味での期待値と見なせることがわかります. 事実, 前節では「定積分を区間の幅 $b - a$ で割った値がこの区間での $f(x)$ の平均値になる」という事実を使って, 乱数を用いた積分の評価を行ったのでした. この平均値は, 区間 $a \leq x \leq b$ に一様な確率 $P(x) = \frac{1}{b-a}$ が分布している時の $f(x)$ の期待値に他なりません:

$$\langle f(x) \rangle = \int_a^b dx f(x) P(x) = \frac{1}{b - a} \int_a^b dx f(x). \tag{2.5}$$

もう少し複雑な例として, 図 2.4 の扇形 $(x > 0, y > 0, x^2 + y^2 < 1)$ の上で二変数関数 $f(x, y)$ を積分してみましょう. これは, 先ほどの区間積分の「1 次元の領域」である区間が「2 次元の領域」である扇形になったものです. ということは, $P(x, y)$ として, 扇形の中で一様な値に取り, 外ではゼロとなるような確率分布を用意することに相当します. 扇形の面積は $\frac{\pi}{4}$ なので, $\int_0^1 dx \int_0^1 dy P(x, y) = 1$ となるためには

$$P(x, y) = \begin{cases} \frac{4}{\pi} & x^2 + y^2 < 1 \\ 0 & x^2 + y^2 \geq 1 \end{cases} \tag{2.6}$$

とすれば良く, これを用いると, 扇形の上の関数の平均値は

$$\langle f(x, y) \rangle = \int_0^1 dx \int_0^1 dy f(x, y) P(x, y) \tag{2.7}$$

と書けます.

これをモンテカルロ法で計算する一番簡単な方法は, 0 と 1 の間から一様乱数 x, y を選び, $f(x, y)P(x, y)$ を計算して, 平均値を取ることです. 積分との違いは, 面積 $\frac{\pi}{4}$ で割るかどうかだけです. 区間積分と同様, この程度であれば素朴なモンテカルロ法で十分に正しい値を得ることができます.

積分領域の形が複雑で面積が解析的に計算できない場合にも, 扇形の場合にやったのと同様にして数値的に計算できます. 具体例として, (解析的に

計算できる例ではありますが）半径が 1 の三次元球の体積 V_3 を計算してみましょう．高さ $z = \sqrt{1 - x^2 - y^2}$ を $x > 0, y > 0, x^2 + y^2 < 1$ で積分すると $\frac{V_3}{8}$ が得られることに注意すると，

$$\frac{V_3}{8} = \left\langle \sqrt{1 - x^2 - y^2} \right\rangle \times \frac{\pi}{4} \tag{2.8}$$

であり，

$$V_3 = 2\pi \times \left\langle \sqrt{1 - x^2 - y^2} \right\rangle \tag{2.9}$$

となります．

　サンプルコードを見てみましょう：

```
#include <stdio.h>
#include <stdlib.h>
#include <math.h>
#include <time.h>

int main(void){
  int niter=100000;      //サンプル数を指定
  srand((unsigned)time(NULL));      //乱数生成器の種を設定

  double pi=asin(1e0)*2e0;      //円周率を計算
  double sum_z=0e0;
  int n_in=0;      //扇形に入った回数のカウンター
/*************/
/* Main loop */
/*************/
  for(int iter=1;iter<niter+1;iter++){
  double x = (double)rand()/RAND_MAX;
  double y = (double)rand()/RAND_MAX;
//↑ 0 と 1 の間の一様乱数 x,y を生成
    if(x*x+y*y < 1e0){      //x^2+y^2<1 だったら...
        n_in=n_in+1;      // 「扇形に入った回数」に 1 を足して
        double z=sqrt(1e0-x*x-y*y);      //z を計算
```

```
    sum_z=sum_z+z;
  }
  printf("%d   %.10f\n",iter,sum_z/n_in*2e0*pi);}
//↑期待値を出力
}
```

今までの例とほとんど同じですね. 円周率 π は $\pi = 3.14159\cdots$ と直接手で入力しても良いのですが, 書き間違えると嫌なので

```
double pi=asin(1e0)*2e0;
```

として計算しています. **asin** というのは sin の逆関数である arcsin です. $\sin\frac{\pi}{2} = 1$ なので, $\arcsin 1 = \frac{\pi}{2}$ となります. $x^2 + y^2 < 1$ での期待値を計算するために, **n_in** というカウンターで $x^2 + y^2 < 1$ となったサンプル数を数えていることに注意して下さい. 実際にこのコードを走らせると, 解析的に知っている値 $V_3 = \frac{4\pi}{3}$ に収束します.

期待値を計算したい場面の多くで, 変数の数が多くて次元の呪いに悩まされることになります. 確率 P が積分領域のほとんどで極端に小さいというのもよくあることです. 例えば, n 変数の場合, $x_1^2 + \cdots + x_n^2 < 1$ となるのは積分区間 $0 \le x_1, \cdots, x_n \le 1$ のうちのどのくらいでしょうか？ 答えは $n = 2, 3, 4, 10$ で約 79%, 52%, 31%, 0.25% です [*7]. この場合も, 重点サンプリングというアイデアに基づいて計算量を削減することが可能になります. 繰り返しになりますが, これを可能にするのがマルコフ連鎖モンテカルロ法です.

2.4 ガウス乱数を用いた期待値の計算

ガウス乱数は様々な場面で有用です. ガウス乱数に慣れるという目的も兼ねて, ガウス乱数を用いた期待値の計算も見ておきましょう. まずはガウス乱数をどう作るかです.

[*7] n 次元球の体積を V_n として, $2^{-n}V_n$ の確率で $x_1^2 + \cdots + x_n^2 < 1$ が満たされます. ガンマ関数 Γ で表される公式 $V_n = \frac{\pi^{n/2}}{\Gamma\left(\frac{n}{2}+1\right)}$ を使うと, $V_2 = \pi$, $V_3 = \frac{4\pi}{3}$, $V_4 = \frac{\pi^2}{2}$, ..., $V_{10} = \frac{\pi^5}{120}$ です.

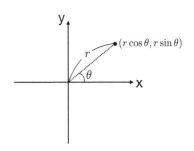

図 2.8 極座標 $(x, y) = (r\cos\theta, r\sin\theta)$.

2.4.1 ボックス・ミュラー法

ここでは，確率 $\frac{1}{\sqrt{2\pi}}e^{-\frac{x^2}{2}}$, $\frac{1}{\sqrt{2\pi}}e^{-\frac{y^2}{2}}$ でガウス乱数 x, y を生成する便利な方法であるボックス・ミュラー法を紹介します．これはとても簡単で，p, q を区間 $[0,1]$ の一様乱数として，

$$x = \sqrt{-2\log p}\cos(2\pi q), \qquad y = \sqrt{-2\log p}\sin(2\pi q) \qquad (2.10)$$

とするだけです．

この方法でガウス乱数が得られることを確認するには，極座標 (r, θ) に移ると便利です．極座標と直交座標は次のように関係しています (図 2.8):

$$x = r\cos\theta, \qquad y = r\sin\theta. \qquad (2.11)$$

動径座標 r は 0 から ∞, 角度座標 θ は 0 から 2π を走ります．極座標で表すと，ガウス乱数の確率分布は $\rho(r) = re^{-\frac{r^2}{2}}$, $\rho(\theta) = \frac{1}{2\pi}$ と分解できます．式 (2.10) から $p = e^{-\frac{r^2}{2}}$ が従いますが[8]，右辺は 1 $(r = 0)$ から 0 $(r = \infty)$ までを走るので，p の定義域 $[0,1]$ ときちんと一致しています．また，$|dp| = |d(e^{-\frac{r^2}{2}})| = re^{-\frac{r^2}{2}}dr$ なので，$dr\rho(r) = |dp|$ となっており，$\rho(p) = 1$ (一様分布) とすれば辻褄が合っています．角度座標は $\theta = 2\pi q$ と対応しているだけなのでわかりやすいでしょう．

---

[8] $r^2 = x^2 + y^2 = -2\log p(\cos^2(2\pi q) + \sin^2(2\pi q)) = -2\log p$ なので，$\log p = -\frac{r^2}{2}$ であり，$p = e^{\log p} = e^{-\frac{r^2}{2}}$ となります．

2.4.2 ガウス分布から得られる期待値

ガウス分布 $P(x) = \frac{1}{\sqrt{2\pi}} e^{-\frac{x^2}{2}}$ のもとで期待値を計算してみましょう. 一般の関数 $f(x)$ について, 定義により,

$$\langle f(x) \rangle = \int_{-\infty}^{\infty} dx f(x) P(x) = \frac{1}{\sqrt{2\pi}} \int_{-\infty}^{\infty} dx f(x) e^{-\frac{x^2}{2}} \tag{2.12}$$

です. 一様乱数を用いた積分の計算式 (2.3) に対応するのは

$$\lim_{K \to \infty} \frac{1}{K} \sum_{k=1}^{K} f(x^{(k)}) = \frac{1}{\sqrt{2\pi}} \int_{-\infty}^{\infty} dx f(x) e^{-\frac{x^2}{2}} \tag{2.13}$$

です. ただし, $x^{(1)}, x^{(2)}, \cdots$ はボックス・ミュラー法で生成するとします. 実際にガウス乱数を生成してみれば $\langle x \rangle = 0$, $\langle x^2 \rangle = 1$ が簡単に確認できますので, 試してみて下さい (後ほど, マルコフ連鎖モンテカルロ法でも同じ計算をします. 4.2 節を参照して下さい).

期待値ではなく積分そのものを計算することもできます. 積分したい関数を $g(x)$ とし, $\int_{-\infty}^{\infty} dx g(x)$ を積分したいとすると,

$$\int_{-\infty}^{\infty} dx g(x) = \int_{-\infty}^{\infty} dx \left(g(x) \cdot \sqrt{2\pi} e^{+\frac{x^2}{2}} \right) \frac{e^{-\frac{x^2}{2}}}{\sqrt{2\pi}}$$
$$= \left\langle g(x) \cdot \sqrt{2\pi} e^{+\frac{x^2}{2}} \right\rangle \tag{2.14}$$

という関係式を利用して期待値と積分を関係づけることができます. これは, 4.5 節で説明するより強力な手法の特殊な場合と思うことができます.

2.5 ランダム性が本質的な例

ここまでに見てきた例は, 乱数を使えば便利だという例ではありましたが, 乱数を用いないでも計算できてしまうという意味ではランダム性が本質的な例とは言えません.

ランダム性が本質的に重要な例として, 株で一儲けしたい場合を考えてみます. 価格 p が時刻 t の関数としてどう変化するのかを完全に予想するのは困難ですが, 図 2.9 に矢印で示したようなトレンドは予想できていたと仮定しましょう. もちろん, 予想には幅があり, 遠い未来ほど不確実性が大きくな

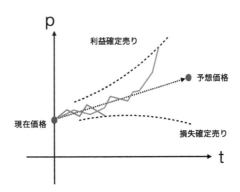

図 2.9　金融商品の価格のシミュレーションのイメージ図．縦軸は価格（price），横軸は時刻（time）．

るのが普通です．予想に基づいて利益を上げるために，価格がある程度以上に上がったら利益確定のために売却，ある程度以下に下がった場合にもそれ以上の損失を避けるために売却，という戦略を立ててみます．図 2.9 の破線に到達したら売却するということです．この戦略が実際に機能するかどうかをテストするには，ランダムな価格発展を記述するモデルを作り，乱数を用いて色々な時間発展をシミュレーションしてみると良いでしょう．青線で描いたようにある程度待ってから利益確定売りをすることになるかもしれませんし，赤線で描いたように早々に損失確定売りをすることになるかもしれません．数値実験を十分な回数繰り返せば，信頼の置ける値が得られるでしょう．このようなシミュレーションをに基づいて，利益と損失の確定の基準となる閾値（図 2.9 の破線）をどのようにしたら不要なリスクを避けて利益を上げられるかが推測できます．この考え方は物理学のブラウン運動と本質的に同じです．あとの章で説明するランダムウォークもよく似た問題です．

　なお，筆者は金融の専門家ではなく，数値シミュレーションに基づいて金融市場で利益を上げたことはありません．実際に儲けたい方は，専門書を読んだり専門家から習ったりして念入りに準備をしてから勝負に出て下さい．

マルコフ連鎖モンテカルロ法の
一般論

　さあ，ようやく準備が整いました．いよいよマルコフ連鎖モンテカルロ法です．この章では一般論を説明し，具体的なアルゴリズムは次章以降で説明することにします．

　n 個の変数 $x_1, x_2, \cdots, x_n$ を用いて確率 $P(x_1, x_2, \cdots, x_n)$ が与えられているとします．毎度毎度 n 個の変数を書くのは面倒なので，$\{x\}$ と書いたら $x_1, x_2, \cdots, x_n$ のことをまとめて表しているものと約束しましょう．この記法を用いて，

$$P(x_1, x_2, \cdots, x_n) = P(\{x\}) \tag{3.1}$$

と書くことにします．関数 P は「確率」なのでゼロ以上でなければなりません:

$$P(\{x\}) \geq 0. \tag{3.2}$$

この条件が満たされない場合にはどうしたら良いかはまた後ほど説明します．

　マルコフ連鎖モンテカルロ法では，$x_1, x_2, \cdots, x_n$ の値を，各点での滞在時間が $P(\{x\})$ に比例するように変化させます．すると，十分長い時間の平均は統計平均の良い近似になります．具体的には，変数の列 $\{x^{(0)}\} \to \{x^{(1)}\} \to \{x^{(2)}\} \to \cdots \to \{x^{(k)}\} \to \{x^{(k+1)}\} \to \cdots$ を次のようにして構成します．

マルコフ連鎖モンテカルロ法の基本条件

- マルコフ連鎖であること:
  すなわち，$\{x^{(k)}\}$ から $\{x^{(k+1)}\}$ が得られる確率が過去の履歴 $\{x^{(0)}\}, \{x^{(1)}\}, \cdots, \{x^{(k-1)}\}$ には依らず，$\{x^{(k)}\}$ だけで決まること．

この確率を $T(\{x^{(k)}\} \to \{x^{(k+1)}\})$ と書くことにします（T は遷移確率 (<u>t</u>ransition probability) を表します）.

- 既約性:
  あらゆる変数の組 $\{x\}$, $\{x'\}$ は有限回のステップで移り合うことが可能.

- 非周期性:
  ステップ数 n_s で $\{x\}$ から $\{x\}$ に戻ってくることができるとします. n_s としては色々な値が考えられますが, その最大公約数を周期と呼びます. 全ての $\{x\}$ に対して周期が 1 である時, そのようなマルコフ鎖は非周期的であると言います.

- 詳細釣り合い条件（詳細平衡条件）:
  あらゆる $\{x\}$, $\{x'\}$ に対して遷移確率 T が

  $$P(\{x\}) \cdot T(\{x\} \to \{x'\}) = P(\{x'\}) \cdot T(\{x'\} \to \{x\}) \quad (3.3)$$

  を満たすこと.

初期条件 $\{x^{(0)}\}$ は何でも構いません[*1]. 以上の 4 つの条件が満たされると, $\{x^{(k)}\}(k = 1, 2, \cdots)$ の確率分布が $P(\{x\})$ に収束します. より正確には, 既約性と非周期性が満たされていれば何らかの確率分布に収束します. そして, 詳細釣り合い条件によってそれが $P(x)$ であることが保証されます. 列が十分に長ければ, 正しい期待値が得られます:

$$\langle f \rangle = \int dx_1 \cdots dx_n f(x_1, \cdots, x_n) P(x_1, x_2, \cdots, x_n)$$

$$= \lim_{K \to \infty} \frac{1}{K} \sum_{k=1}^{K} f(x_1^{(k)}, \cdots, x_n^{(k)}). \quad (3.4)$$

この方法の最大の特徴は, 期待値への寄与が大きな $\{x\}$ ほど重点的にサンプリングされることです. これが, 2.2.3 節で名前だけ登場した**重点サンプリング**です. そこで説明したように, 多変数の分布では「ほとんどの領域は積分に寄与しない」という状況が頻繁に現れますが, 重点サンプリングを行えばそのような領域の $\{x\}$ はほとんど現れないので, 計算量を大幅に節約でき,

---

[*1]　ただし, 初期条件の取り方次第で計算効率は大きく変わります. この点は後ほど説明します.

他の手法ではとても手が出ないような計算が可能になります.

このままでは抽象的で意味がわかりにくいので,以下,具体的な例を用いて,それぞれの条件が何を意味するのか,なぜそのような条件を要請するのかを説明します.

3.1 マルコフ連鎖

$\{x^{(0)}\} \to \{x^{(1)}\} \to \{x^{(2)}\} \to \cdots \to \{x^{(k)}\} \to \{x^{(k+1)}\} \to \cdots$ がマルコフ連鎖であるとは,$\{x^{(k)}\}$ から $\{x^{(k+1)}\}$ が得られる確率が過去の履歴 $\{x^{(0)}\}, \{x^{(1)}\}, \cdots, \{x^{(k-1)}\}$ には依らずに $\{x^{(k)}\}$ だけで決まることです(図 3.1).典型例はランダムウォーク(酔歩)です.$x^{(0)} = 0$ から始め,確率 $\frac{1}{2}$ ずつで 1 を足し引きして $x^{(k+1)} = x^{(k)} + 1$ あるいは $x^{(k+1)} = x^{(k)} - 1$ としていきます.「+1 の次には +1 が出やすい」あるいは「+1 の次には −1 が出やすい」といった何らかの規則性がある場合はマルコフ連鎖ではありません.

他にもいくつか例を見てみましょう:

- 箱の中に赤玉と白玉が五つずつ入っているとしましょう.箱の中を見ずにランダムに玉を一つ取り出した時,赤玉と白玉が得られる確率は半々です.取り出した玉はすぐに箱の中に戻すことにして,赤玉が出たら $x^{(k+1)} = x^{(k)} + 1$,白玉が出たら $x^{(k+1)} = x^{(k)} - 1$ としましょう.$x^{(0)} = 0$ とすれば,$x^{(k)} = (k$ 回目までに赤が出た回数$) - (k$ 回目までに白が出た回数$)$ です.k 回目に赤が出る確率と白が出る確率はそれまでの履歴に依らずに 50%ずつなので,これは上で述べたランダムウォークそのもので,典型的なマルコフ連鎖です.

- 取り出した玉を箱の中に戻さない場合を考えてみましょう.最初の三回が赤,赤,白だったとすると,箱の中には赤玉が三つと白玉が四つ残っているので,四回目に赤が出る確率は $\frac{3}{7}$,白が出る確率は $\frac{4}{7}$ です.一方で,赤,赤,赤だった場合には,四回目に赤または白が出る確率はそれぞれ $\frac{2}{7}$ と $\frac{5}{7}$ です.したがって,k 回目に赤が出るか白が出るかの確率は過去の履歴に依存しており,マルコフ連鎖ではない — と言いたくなりませんか? ところがどっこい,これは早計です.

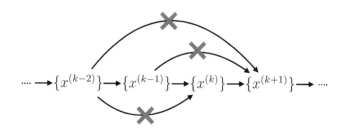

図 3.1　マルコフ連鎖の概念図．$\{x^{(k)}\}$ から $\{x^{(k+1)}\}$ が得られる確率は $\{x^{(k-2)}\}$ や $\{x^{(k-1)}\}$ には依らない．

　　ポイントは，初めの三回が赤赤白でも，赤白赤でも，あるいは白赤赤でも，四回目に赤または白が出る確率はそれぞれ $\frac{3}{7}$ と $\frac{4}{7}$ で，玉が出た順番とは関係ないという点です．k 個の玉を取り出した時点で残っている赤玉と白玉の個数 $(n_{\text{赤}}^{(k)}, n_{\text{白}}^{(k)})$ さえ決まっていれば，遷移確率 $T((n_{\text{赤}}^{(k)}, n_{\text{白}}^{(k)}) \to (n_{\text{赤}}^{(k+1)}, n_{\text{白}}^{(k+1)}))$ は過去の履歴とは関係なく一通りに決まります．したがって，この例もまたマルコフ連鎖です．

● マルコフ連鎖ではない例も一つ．アメリカのレストランで大人数で食事をし，割り勘で支払いをすることになったとしましょう．一人ずつ順番にチップを上乗せした金額を支払うとします．k 番目の人が払うチップの金額を $x^{(k)}$ としましょう．k 番目の人の払う金額は，直前の金額やそれまでの総額だけでなく，金額の推移に影響される可能性が高いと思われます．5ドル，3ドル，5ドル，3ドル，5ドルと来たら3ドルでいいかなと思いますが，3ドル，3ドル，5ドル，5ドル，5ドルと来たら5ドル払わないとまずい気がしませんか？　したがって，この場合は $x^{(1)} \to x^{(2)} \to x^{(3)} \to \cdots$ はマルコフ連鎖ではないと考えるのが妥当でしょう．

　　ランダムウォークはマルコフ連鎖の典型例だと述べました．ランダムウォークの性質を理解するための例として，日本シリーズを考えてみましょう．セリーグの優勝チームが日本シリーズを制した場合には $y = +1$（あるいはセ），パリーグの優勝チームが日本シリーズを制した場合には $y = -1$（あるいはパ）とします．$y^{(k)}$ の添え字 k は年を表すこととします．$x^{(0)} = 0$ とし，$x^{(k)} = x^{(k-1)} + y^{(k)}$ とすれば，$x^{(k)}$ はセリーグの通算勝ち越し数となり

ます（負の場合は負け越し）．日本シリーズは 1950 年から開催されているので，$y^{(1)}$ を 1950 年の結果としましょう．具体的には $y^{(1)} = -1$, $y^{(2)} = +1$, $y^{(3)} = +1$, ... となっています．

2019 年までの 70 回の結果は 35 勝 35 敗なので，大雑把に言って，各年度ごとに勝敗確率 $\frac{1}{2}$ でランダムに勝者が決まっていると思いたくなります．この単純化したモデルでは，$x^{(k)}$ はランダムウォークをします．

このような大雑把なモデルは意味があるでしょうか？ 野球の場合，ある年に強いチームは次の年も強い可能性が高いので，ランダムウォークではないと考えるのが自然に思えます．実際，どちらかのリーグが連覇をすることが多々あります．一方で，純粋に確率 $\frac{1}{2}$ で勝者を決めるモデルでは，$+1$ と -1 が交互に現れそうな気がしませんか？

この直観をテストするために，数値実験をしてみましょう．0 と 1 の間の一様乱数 r が $\frac{1}{2}$ 以下ならば $y = +1$（セ），そうでなければ $y = -1$（パ）としてランダムウォークを生成します．結果を表 3.1 にまとめました．実際の日本シリーズの勝敗の記録と比較すると，似たようなパターンが見られます．実際の歴史では 1965 年から 1973 年までセリーグが 9 連勝していますが，ランダムウォークのモデルでも 1954 年から 1961 年までセリーグが 8 連勝しています．2010 年から 2019 年は，実際の歴史でもランダムウォークのモデルでもパリーグの 9 勝 1 敗です．ランダムウォークでは通算成績はセリーグの 27 勝 43 敗となっていて，半々からはかなりずれているように見えますが，これは，70 回ではサンプル数が少なすぎて乱数列を変えるごとに結果が変動するためです．試しに乱数を何回か振り直してみたところ，40 勝 30 敗，37 勝 33 敗，40 勝 30 敗，33 勝 37 敗，31 勝 39 敗という結果が出ました．千年繰り返すと 485 勝 515 敗となってだいたい半々になりました[*2]．

もっと色々と細かい解析はできますが，実際問題として，2019 年の段階では歴史が短すぎてどちらとも言えないのではないでしょうか[*3]．数百年後の未来の読者の皆さんには，2020 年以降の結果も加えて精密な解析をしてい

[*2] ランダムウォークでは K ステップ目での原点からの距離（ランダムに選んだ K 個の ± 1 の和）は典型的には $\sqrt{K}$ 程度になります．2.1.2 節で紹介した K 個の一様乱数の和はランダムウォークによく似ており，図 2.3 で示したように $\sqrt{K}$ 程度の広がりを持った分布が得られます．このことから，ランダムウォークモデルでは K 回対戦した時の勝率五割からのずれは $\frac{1}{\sqrt{K}}$ 程度になることがわかります．

[*3] 打撃成績から打者の「本当の実力」をどれくらい正確に推定できるか，「チームの勢い」というものは本当に存在するか，といった問題も同様に微妙な点を孕んでいます．興味のある方は文献 [2] などを参照して下さい．

表 3.1 ランダムウォーク（Random Walk, 'RW'）と日本シリーズ（Japan Series, 'JS'）の勝敗の比較.

年	RW	JS	年	RW	JS	年	RW	JS	年	RW	JS
1950	パ	パ	1970	パ	セ	1990	パ	パ	2010	パ	パ
1951	パ	セ	1971	セ	セ	1991	パ	パ	2011	パ	パ
1952	パ	セ	1972	セ	セ	1992	パ	パ	2012	パ	セ
1953	パ	セ	1973	パ	セ	1993	パ	セ	2013	パ	パ
1954	セ	セ	1974	パ	パ	1994	パ	パ	2014	パ	パ
1955	セ	セ	1975	パ	パ	1995	パ	パ	2015	セ	パ
1956	セ	パ	1976	セ	パ	1996	セ	パ	2016	パ	パ
1957	セ	パ	1977	セ	パ	1997	パ	パ	2017	パ	パ
1958	セ	パ	1978	セ	セ	1998	セ	パ	2018	パ	パ
1959	セ	パ	1979	パ	セ	1999	パ	パ	2019	パ	パ
1960	セ	セ	1980	パ	セ	2000	パ	セ			
1961	セ	セ	1981	パ	パ	2001	セ	セ			
1962	パ	パ	1982	パ	パ	2002	パ	パ			
1963	セ	セ	1983	パ	パ	2003	パ	パ			
1964	セ	パ	1984	セ	パ	2004	パ	パ			
1965	パ	セ	1985	パ	セ	2005	パ	パ			
1966	セ	セ	1986	パ	パ	2006	パ	パ			
1967	パ	セ	1987	パ	パ	2007	セ	セ			
1968	パ	セ	1988	セ	パ	2008	セ	パ			
1969	セ	セ	1989	パ	セ	2009	パ	セ			

ただきたいと思います.

「ランダムウォークであれば $+1$ と -1 が交互に現れるのが自然」という思い込みが間違いであることは，今のように実験してもわかりますが，簡単な計算を通じて納得することもできます．ある年を起点として，その後四年間 $+1$ と -1 が交互に現れる確率はどのくらいかを考えてみましょう．4 年分の結果は合計で $2^4 = 16$ 通りあり得ますが，$+1$ と -1 が交互に出るのは $+1, -1, +1, -1$ と $-1, +1, -1, +1$ の 2 通りしかないので，確率は 12.5 ％しかありません．ただし，「起点はどこでも良いので四年間 $+1$ と -1 が交互に現れる」というだけであれば確率は遥かに高くなります．実際，何箇所かでこのようなことが起きているのがわかります．同じ理由で，8 連勝や 9 連勝も，ある特定の年を起点とした場合には確率は低いですが，年数を重ねればいつかは起きないと逆におかしいのです．このように，一見ランダムとは思えない現象も現れるのが本当のランダムウォークの特徴です．

3.2 既約性

　マルコフ連鎖が既約であるとは，あらゆる異なる変数の組 $\{x\}$，$\{x'\}$ は有限回のステップで移り合うことが可能であるということでした．この性質が重要なのは直観的に明らかだと思います．なぜならば，もし永久にたどり着けない点があれば，その点の情報は永久に得られないからです．

　既約でない例にはどのようなものがあるでしょうか．

　x が実数全体を走るとし，-1 と 1 の間の一様乱数 r を用いて $x^{(k+1)} = x^{(k)} \times r$ としてみましょう．これは色々と問題があるマルコフ連鎖で，一旦 $x = 0$ になると二度と抜け出せません．$x \neq 0$ から $x = 0$ には有限回で移れますがその逆は不可能なので，既約ではありません．

　もう一つの典型的な例として，積分領域が連結でない複数の領域に別れてしまっている場合を考えてみましょう．C_1，C_2 をそれぞれ $x < 0$，$x > 1$ とし，C_1 と C_2 を合わせた領域 C で積分をしたいとします．この時，$x^{(k)} \to x^{(k+1)} = x^{(k)} + \Delta x$（$\Delta x$ は $-c$ と $+c$ の間の一様乱数）というマルコフ連鎖を採用すると，$c \leq 1$ の場合には C_1 と C_2 の間を行き来することができません．$x^{(0)} < 0$ であれば永久に C_1 の中，$x^{(0)} > 1$ であれば永久に C_2 の中に閉じ込められたままです．しかし，$c > 1$ とすれば C_1 と C_2 の間を行き来することができるようになり，既約になります．

　これに類似した例として，$P(x)$ が $x = 0$ でゼロになってしまう場合を考えてみます．例えば $P(x) \propto e^{-1/x^2 - x^2}$ としてみましょう（図 3.2）．この場合，$x = 0$ 付近では $P(x)$ はほとんどゼロなので，後で説明するメトロポリス法で c を小さくしてシミュレーションすると，$x = 0$ を通り抜けて $x > 0$ と $x < 0$ を行き来するのに気の遠くなるような時間がかかってしまいます．この場合は厳密な意味では既約性は壊れておらず，非常に長い時間待てば $x = 0$ を通り抜けることはできますが，我々の人生は有限ですので，実際上は大きな問題です．標語的に言うなら，

　　　　確率分布が複数の島に別れてしまう時は気をつける

ということです．

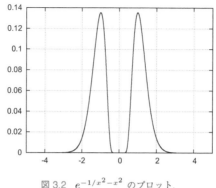

図 3.2　e^{-1/x^2-x^2} のプロット.

3.3　非周期性

　ステップ数 n_s で $\{x\}$ から $\{x\}$ に戻ってくることができるとします．n_s として色々な値が考えられますが，その最大公約数を**周期**と呼びます．全ての $\{x\}$ に対して周期が 1 である時，そのようなマルコフ連鎖は非周期的であると言います．この条件の意味を理解するために，非周期的な例とそうでない例を見てみましょう．

　まずは非周期的な例から．$x^{(k)} \to x^{(k+1)} = x^{(k)} + \Delta x$（$\Delta x$ は -1 と 1 の間の一様乱数）としてみます（これはステップ幅が固定されていないランダムウォークと思えます）．$\Delta x = 0$ となったら $x^{(k)} = x^{(k+1)}$ なので，「1 ステップで自分自身に戻る」ことが可能です．また，$x^{(k+1)} = x^{(k)} + 0.5$, $x^{(k+2)} = x^{(k+1)} - 0.5 = x^{(k)}$ のようにして 2 ステップで戻ってくることもできます．$x^{(k+1)} = x^{(k)} + 0.25$, $x^{(k+2)} = x^{(k+1)} + 0.25 = x^{(k)} + 0.5$, $x^{(k+3)} = x^{(k+2)} - 0.5 = x^{(k)}$ のようにして 3 ステップで戻ってくることもできます．同様に，任意の正の整数ステップで戻って来られるので，周期は 1 です．これが任意の $x^{(k)}$ について成り立つので，この過程は非周期的です．

　次は非周期的でない例です．先ほど説明したステップ幅が 1 に固定されたランダムウォークを考えてみます．同じ値に戻ってくるためには $+1$ と -1 が同じ回数だけ現れなければならないので，ステップ数は必ず偶数になります．したがって，周期は 2 です．したがって，ステップ幅が固定されたランダムウォークは非周期的ではありません．

別の例も見ておきましょう．x は実数全体を走るとし，$x^{(k+1)} = x^{(k)} \times r$，$r < 0$ としてみましょう．$x^{(0)} = 0$ とすると永久に $x^{(k)} = 0$ なので，$x = 0$ の周期は 1 です．ところが，$x \neq 0$ の場合，1 ステップごとに正負が反転するので，自分自身に帰って来るためには偶数ステップが必要です．$x \to -x \to x$ としてやれば 2 ステップで帰って来られるので，周期は 2 となります．したがって，この例も非周期的ではありません．

非周期的ではない場合は何が問題なのでしょうか？ 簡単な例として，偶数ステップでは $x > 0$，奇数ステップでは $x < 0$ というパターンを持った周期 2 のマルコフ連鎖を考えてみましょう．この場合，サンプルの半分は $x > 0$，残り半分は $x < 0$ なので，$x > 0$ の確率と $x < 0$ の確率がそれぞれ $\frac{1}{2}$（式で書けば $\int_{-\infty}^{0} dx P(x) = \int_{0}^{\infty} dx P(x) = \frac{1}{2}$）という特殊な状況でない限り正しい分布が得られることはあり得ません．

3.4 詳細釣り合い条件

詳細釣り合い条件（詳細平衡条件）とは，遷移確率 T が $P(\{x\}) \cdot T(\{x\} \to \{x'\}) = P(\{x'\}) \cdot T(\{x'\} \to \{x\})$ を満たすことです．この条件を直観的に理解するために，まずは平衡状態とは何かを考えてみます．

少々非現実的な例で申し訳ありませんが，外界と隔絶された人口 100 人の村を考えます．村人の総資産は 1 億円で，増減はありません．村の中では通常の経済活動があり，村人はお互いに現金を支払います．$x = 1, 2, \cdots, 100$ という番号で村人を区別することとし，毎年 1 月 1 日の各人の資産額を $P_k(x)$ 円としましょう．定義から，

$$\sum_{x=1}^{100} P_k(x) = 100,000,000 \tag{3.5}$$

です．k は年のラベルです．一年の間に x さんから x' さんに支払われる金額を $Q_k(x \to x')$ とします．使い切れなかったお金は「x さんが x さん自身に支払った」と思うことにして $Q_k(x \to x)$ と書くことにしましょう．すると，x さんの全資産は自分自身も含めて誰かに支払われるので，

$$P_k(x) = \sum_{x'=1}^{100} Q_k(x \to x') \tag{3.6}$$

です．また，x さんの一年後の資産は自分自身も含めて誰かから支払われた金額の合計なので

$$P_{k+1}(x) = \sum_{x'=1}^{100} Q_k(x' \to x) \tag{3.7}$$

です．「平衡状態にある」とは各人の資産が年ごとに変動せず，

$$P_k(x) = P_{k+1}(x) = P_{k+2}(x) = \cdots \tag{3.8}$$

となっていることです．各人の支出と収入が釣り合っている，すなわち

$$\sum_{x'=1}^{100} Q_k(x \to x') = \sum_{x'=1}^{100} Q_k(x' \to x) \tag{3.9}$$

である，と言うこともできます．(3.9) を**釣り合い条件**あるいは**平衡条件**と呼びます．

　詳細釣り合い条件（あるいは**詳細平衡条件**）というのは上で説明した釣り合い条件よりも強い条件で，任意の組み合わせ (x, x') について x さんから x' さんへの支払いと x' さんから x さんへの支払いが同額であることを意味します：

$$Q_k(x \to x') = Q_k(x' \to x). \tag{3.10}$$

釣り合い条件 (3.9) にあった足し算記号 $\sum$ が詳細釣り合い条件 (3.10) ではなくなっているのがポイントです．詳細釣り合い条件 (3.10) は釣り合い条件 (3.9) の十分条件ですが，必要条件ではありません．極端な例としては，

$$Q_k(1 \to 2) = 1,000,000,$$
$$Q_k(2 \to 3) = 1,000,000,$$
$$\cdots$$
$$Q_k(99 \to 100) = 1,000,000,$$
$$Q_k(100 \to 1) = 1,000,000 \tag{3.11}$$

とし，他の $Q_k(x \to x')$ は全てゼロとしても，釣り合い条件 (3.9) は成り立ちます．この場合，100 万円を払ってくれる相手には好感を持つでしょうが，100 万円を払わなければならない相手に対しては複雑な感情を抱くかもしれません．しかし，詳細釣り合い条件 (3.10) が成り立っていると，どの二人の

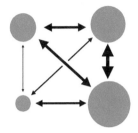 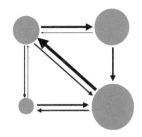

図 3.3　[左] 詳細釣り合いの概念図．どの二人の間でも支払いが同額．[右] 単なる釣り合い．各個人の収入と支出が釣り合っているだけ．丸の大きさは「資産額」$P[\{x\}]$（状態が $\{x\}$ である確率）を表し，矢印の太さは「支払額」$Q(\{x\} \to \{x'\}) = P(\{x\}) \cdot T(\{x\} \to \{x'\})$ を表す．

間でも同じ金額の支払いがあるので，不公平感は出にくいでしょう．ここで述べた詳細釣り合いと単なる釣り合いの違いを視覚的に理解するための模式図が図 3.3 です．

　マルコフ連鎖モンテカルロ法で用いられる詳細釣り合い条件 (3.3) は，式の見かけは少し違いますが，上の例と基本的に同じです．$P(\{x\})$ は状態が $\{x\}$ である確率であると解釈したいので，式の上では「一億円のうちの何%を x さんが持っているか」と同じことです（村人の総資産が変化しないという条件が，確率の合計が常に 1 であることに対応しています）．$T(\{x\} \to \{x'\})$ は x さんが所持金の何%を x' さんに払うかを表していると思えば，$P(\{x\}) \cdot T(\{x\} \to \{x'\})$ は $Q(x \to x')$ と同じです．このことから，釣り合い条件 (3.9) は

$$\sum_{\{x'\}} P(\{x\}) \cdot T(\{x\} \to \{x'\}) = \sum_{\{x'\}} P(\{x'\}) \cdot T(\{x'\} \to \{x\}) \quad (3.12)$$

と書き直すことができます．詳細釣り合い条件 (3.10) は前にも書いた通り

$$P(\{x\}) \cdot T(\{x\} \to \{x'\}) = P(\{x'\}) \cdot T(\{x'\} \to \{x\}) \qquad (3.13)$$

となります．すでに説明した通り，詳細釣り合い条件 (3.13) を課せばそれよりも弱い条件である釣り合い条件 (3.12) が自動的に従うことは明らかでしょう．

釣り合い条件が満たされれば，(3.8) のように $P(\{x\})$ が変化しないのでした．これを詳細釣り合い条件 (3.13) から丁寧に導出すると，以下のようになります：

$$
\begin{aligned}
\sum_{\{x\}} P(\{x\}) \cdot T(\{x\} \to \{x'\}) &= \sum_{\{x\}} P(\{x'\}) \cdot T(\{x'\} \to \{x\}) \\
&= P(\{x'\}) \sum_{\{x\}} T(\{x'\} \to \{x\}) \\
&= P(\{x'\}). \qquad (3.14)
\end{aligned}
$$

一行目で詳細釣り合い条件を使いました．二行目から三行目への変形では $\sum_{\{x\}} T(\{x'\} \to \{x\}) = 1$（遷移確率の総和は 1）を用いました．

マルコフ連鎖モンテカルロ法では，$\{x^{(0)}\} \to \{x^{(1)}\} \to \{x^{(2)}\} \to \cdots \to \{x^{(k)}\} \to \{x^{(k+1)}\} \to \cdots$ という列を長くしていくと確率分布がなんらかの定常分布 $P'[\{x\}]$ に収束します．定常分布というのは，1 ステップずらしても変わらない，すなわち $\sum_{\{x\}} P'[\{x\}] T[\{x\} \to \{x'\}] = P'[\{x'\}]$ が満たされているということです．P' が欲しい答えである P と一致しているためには (3.14) が成り立つ必要があり，そのために詳細釣り合い条件を要請するわけです．

厳密なことを言うと，(3.14) が成り立つために必要なのは釣り合い条件だけで，詳細釣り合い条件が成り立っていなくても問題はありません．しかし，実際に手を動かしてみると，詳細釣り合い条件を満たす例は簡単に作れますが，「釣り合い条件は満たすが詳細釣り合い条件は満たさない」という例を作るのはそれなりに大変です．そのため，最初から詳細釣り合い条件を要請してしまうのが普通です[*4]．

練習問題

3.1 サイコロを振って，出た目を次々に足していくことにします．この過程はマルコフ連鎖でしょうか？　また，既約性，非周期性は成り立っているでしょうか？

[*4] 詳細釣り合い条件を満たさないけれども釣り合い条件は満たすアルゴリズムの例として，LAHMC 法（Look-Ahead HMC 法 [4]）があります．

3.2 A さんと B さんがジャンケンをします．A さんは前の回に勝った時と引き分けの時には同じ手を，負けた時にはその時の相手の手に勝てる手を出すという戦略を取ったとします．B さんが前回の勝ち負けとは関係なく毎回 $\frac{1}{3}$ の確率でグー・チョキ・パーを出したとすると，マルコフ連鎖になるでしょうか？　また，既約性，非周期性は成り立っているでしょうか？

3.3 同じ状況で，B さんが A さんと同じ戦略を取ったとするとマルコフ連鎖になるでしょうか？　また，既約性，非周期性は成り立っているでしょうか？

解答例

3.1 k 回目までのサイコロの目の和を $x^{(k)}$ と書くことにします．$x^{(k+1)}$ は $x^{(k)} + 1, \cdots, x^{(k)} + 6$ が $\frac{1}{6}$ ずつの確率で現れます．k 回目までにどのような目が出たかは関係ないので，マルコフ連鎖になっています．ところが，サイコロの目の和は増えていくだけで，減ることはありません．したがって，既約ではありません．同じ値に戻ってくることができないので，周期を定義することもできません（強いて言えば無限大です）．したがって，周期的か非周期的かという設問にそもそも意味がありません．

3.2 A さんは前の回の結果だけに基づいて作戦を立てており，B さんは前の回の結果すら考慮していないので，マルコフ連鎖です．B さんが完全にランダムに手を出しているので既約性が成り立ちそうだというのは直観的には明らかだと思いますが，実際に確かめてみましょう．

- **一手目が引き分けの場合**: 一手目が (グ，グ) だと，二手目は (グ，グ)，(グ，チ)，(グ，パ) のどれかです．(グ，グ)，(グ，チ) の次は再び (グ，グ)，(グ，チ)，(グ，パ) ですが，(グ，パ) の次は (チ，グ)，(チ，チ)，(チ，パ) が現れ得ます．(チ，グ) の次には (パ，グ)，(パ，チ)，(パ，パ) のどれかが現れます．このようにして，(グ，グ) から出発してどのような手の組み合わせにでも行き着きます．(チ，チ)，(パ，パ) から出発しても同様です．

- **一手目が A さんの勝ちの場合**: 一手目が (グ，チ) だと，二手目に (グ，グ) が現れる確率が $\frac{1}{3}$ です．(グ，グ) から出発して任意の手の組み合わせに行き着けることはすでに示しました．したがって，(グ，チ) から出発しても任意の手の組み合わせに行き着くことができます．一手目が (パ，グ) か (チ，パ) の時も同様です．

- **一手目が B さんの勝ちの場合**: 一手目が (グ，パ) だと，二手目は (チ，グ)，(チ，チ)，(チ，パ) のいずれかです．(チ，チ) から出発して任意の手の組み合

わせに行き着けることはすでにわかっているので，(グ，パ) から始めて任意の手の組み合わせに行き着けることがわかります．一手目が (チ，グ) か (パ，チ) の時も同様です．

以上で，既約性が満たされていることがわかりました．
非周期性も確認してみましょう．

- **一手目が引き分けの場合**: 一手目が (グ，グ) だと，二手目も (グ，グ) である可能性が $\frac{1}{3}$ です．したがって周期は 1 です．(チ，チ)，(パ，パ) の場合も同じです．
- **一手目が A さんの勝ちの場合**: 一手目が (グ，チ) だと，二手目も (グ，チ) が現れる確率が $\frac{1}{3}$ です．したがって周期は 1 です．一手目が (パ，グ) か (チ，パ) の時も同様です．
- **一手目が B さんの勝ちの場合**: 一手目が (グ，パ) だとすると，以下のようにして (グ，パ) に戻ってくることが可能です．(グ，パ) → (チ，パ) → (チ，パ) → ⋯ → (チ，パ) → (チ，グ) → (パ，チ) → (グ，パ). ここで，(チ，パ) は何回でも繰り返すことができることに注意すると，周期は 1 とわかります．一手目が (チ，グ) か (パ，チ) の時も同様です．

以上で，全ての手の組み合わせについて周期が 1 であることがわかりました．したがって，非周期性が満たされています．

3.3 A さんも B さんも前の回の結果だけに基づいて作戦を立てているので，マルコフ連鎖です．ところがこの場合，引き分けなら同じ手が永久に続きますし，引き分けでない場合には以下のようにして周期 6 で同じパターンが繰り返されます: (グ，チ) → (グ，パ) → (チ，パ) → (チ，グ) → (パ，グ) → (パ，チ) → (グ，チ). したがって，既約性も非周期性も成り立ちません．

Chapter 4

メトロポリス法

　前章でマルコフ連鎖モンテカルロ法の一般論を説明しましたが，一般論だけでは具体的に何をやったらいいのかはわかりません．この章では，マルコフ連鎖モンテカルロ法の最も有名な例である**メトロポリス法** [3] を導入し，実際のシミュレーションがどのように行われるのかを解説します．

　マルコフ連鎖モンテカルロ法は複雑な計算をしたい時に用いられますが，使い方を学ぶためにわざわざ複雑な例を用いる必要はありません．そこで本章では一番簡単な例である一変数積分を説明します．この例だけでマルコフ連鎖モンテカルロ法の重要なポイントは全てわかります．

4.1　メトロポリス法

　確率 $P(x)$ が

$$P(x) = \frac{e^{-S(x)}}{Z} \tag{4.1}$$

と書けるとしましょう．物理学の用語では，この S のことを**作用**（action）と呼びます．統計学への応用を念頭に本書を読んでいる方は，（符号が逆であることを除いて）**対数尤度**と同じと思って下さい．規格化因子 Z は**分配関数** (partition function) と呼ばれます．$S(x)$ は実変数 x の連続関数であるとします*1．ガウス積分の場合には $S(x) = \frac{x^2}{2}$, $Z = \sqrt{2\pi}$ です．実際の応用では $S(x)$ だけ知っていて Z はわからない場合がほとんどです．

　メトロポリス法では，初期値 $x^{(0)}$ から次のような手順で $x^{(1)}, x^{(2)}, \cdots, x^{(k)},$ $x^{(k+1)}, \cdots$ を構成します：

---

*1　離散変数の例としては 7.2 節で解説するイジング模型があります．

メトロポリス法

1. 実数 Δx をランダムに選び，$x' = x^{(k)} + \Delta x$ を $x^{(k+1)}$ の候補として提案する．ただし，詳細釣り合い条件を満たすために Δx と $-\Delta x$ が同じ確率で現れるものとする（今回は，適当な $c > 0$ を選んで $-c$ と $+c$ の間の一様乱数を生成することにする）．

2. メトロポリステスト: 0 と 1 の間の一様乱数 r を生成し，$r < e^{S(x^{(k)}) - S(x')}$ なら提案を受理して $x^{(k+1)} = x'$ と更新する．さもなくば，提案を棄却して $x^{(k+1)} = x^{(k)}$ とする．

Δx は各 k ごとにランダムに選ぶことに注意して下さい．また，二つ目のステップは

確率 $\min(1, e^{S(x^{(k)}) - S(x')})$ で提案を受理し，x' を新しい値として採用する

と言っても同じことです．ただし，$\min(1, e^{S(x^{(k)}) - S(x')})$ は「1 と $e^{S(x^{(k)}) - S(x')}$ の小さい方」という意味です．

　3章で挙げた条件のうち，詳細釣り合い条件以外の3条件が満たされていることは簡単にわかります:

- Δx はそれ以前の x の値とは無関係に毎回ランダムに選んでいるので，マルコフ連鎖であることは明らかでしょう．

- 連続な定義域を考えているので，あらゆる異なる変数の組 x, x' は有限回のステップで移り合えるのも明らかです．

- 任意の $n_s = 1, 2, \cdots$ に対し，ステップ数 n_s で x から x 自身に戻って来られます（$n_s = 1$ も，$\Delta x = 0$ とすれば可能です．$S(x)$ の極大点以外では，メトロポリステストで棄却されて $n_s = 1$ が実現されることもあり得ます）．したがって周期は 1 です．

　詳細釣り合い条件も成り立っているのですが，これは少し非自明なので，順を追って丁寧に調べてみましょう．

- まず，$-c < \Delta x < c$ と仮定しているので，$|x - x'| \geq c$ であれば遷移確率はゼロです:

$$T(x \to x') = T(x' \to x) = 0 \qquad (|x - x'| \geq c). \tag{4.2}$$

したがって，この場合には

$$P(x) \cdot T(x \to x') = P(x') \cdot T(x' \to x) = 0 \tag{4.3}$$

であり，詳細釣り合いが満たされています．簡単ですね．

- $|x - x'| < c$ の時，$\Delta x = x' - x$ と $-\Delta x = x - x'$ は同じ確率 $\frac{1}{2c}$ で現れます（正確にいうとこれは「確率密度」で，$x \to [x', x' + \epsilon]$ となる確率と $x' \to [x, x + \epsilon]$ となる確率がどちらも $\epsilon/2c$ です）．これにメトロポリステストをパスする確率を掛けて，

$$T(x \to x') = \frac{1}{2c} \times \min(1, e^{S(x) - S(x')}) \tag{4.4}$$

$$T(x' \to x) = \frac{1}{2c} \times \min(1, e^{S(x') - S(x)}) \tag{4.5}$$

となります．

$S(x) \geq S(x')$ の場合を考えてみましょう．$e^{S(x) - S(x')} \geq 1$ なので，メトロポリステストをパスする確率は100%であり，$T(x \to x') = \frac{1}{2c}$ となります．したがって，

$$P(x) \cdot T(x \to x') = \frac{e^{-S(x)}}{Z} \times \frac{1}{2c} \tag{4.6}$$

です．一方，$e^{S(x') - S(x)} \leq 1$ なので，$T(x' \to x) = \frac{e^{S(x') - S(x)}}{2c}$ です．したがって，

$$P(x') \cdot T(x' \to x) = \frac{e^{-S(x')}}{Z} \cdot \frac{e^{S(x') - S(x)}}{2c} = \frac{e^{-S(x)}}{Z} \times \frac{1}{2c} \tag{4.7}$$

となります．以上から，詳細釣り合い条件 $P(x) \cdot T(x \to x') = P(x') \cdot T(x' \to x)$ が満たされていることがわかりました．$S(x) < S(x')$ の場合も x と x' を入れ替えて同じ計算を繰り返せば詳細釣り合いが示せます．

4.2　期待値の計算の具体例

メトロポリス法を用いた計算を具体的に見てみましょう．引き続き，$S(x) = \frac{x^2}{2}$ としています．C言語でのプログラムの例を以下に示します：

```
#include <stdio.h>
#include <stdlib.h>
#include <math.h>
#include <time.h>

int main(void){
  int niter=100;      //100 サンプル採取する
  double step_size=0.5e0;      //ステップサイズは 0.5 とする

  srand((unsigned)time(NULL));
//↑システムの現在時刻で乱数の種を設定
/**************/
/* 初期値を設定 */
/**************/
  double x=0e0;
  int naccept=0;      //受理（アクセプト）回数のカウンター
/****************/
/* ここからが本番 */
/****************/
  for(int iter=1;iter<niter+1;iter++){
    double backup_x=x;
    double action_init=0.5e0*x*x;

    double dx = (double)rand()/RAND_MAX;
    dx=(dx-0.5e0)*step_size*2e0;
    x=x+dx;

    double action_fin=0.5e0*x*x;
/******************/
/* メトロポリステスト*/
/******************/
    double metropolis = (double)rand()/RAND_MAX;
```

```
    if(exp(action_init-action_fin) > metropolis)
/* 受理 */
      naccept=naccept+1;
    else
/* 棄却 */
      x=backup_x;
/*************/
/* 結果を出力 */
/*************/
    printf("%.10f    %f\n",x,(double)naccept/iter);}
}
```

上のプログラムの内容を順を追って解読していきましょう. まず最初に

```
srand((unsigned)time(NULL));
```

として乱数生成器の種を設定しています. ここではシステムに内蔵されているデフォルトの乱数生成器を用いています. 毎回同じ乱数列を使うとよくないので, システムの現在時刻を種としています. より大規模なシミュレーションをする場合は, 例えばメルセンヌツイスターのような, より洗練された乱数生成器を使うことをお勧めします.

次に初期条件を設定しています. ここでは $x = 0$ としています:

```
double x=0e0;
int naccept=0;
```

naccept は更新の提案の受理回数 (アクセプト回数) を数えるカウンターです (number of acceptance の意味で naccept と呼んでいます).

これに続く 'main loop' がメインとなる繰り返し部分です. 変数 **iter** は k に対応します. 「繰り返し」を意味する iteration から変数名を取りました. **niter** はシミュレーションで集める x の個数です.

```
double backup_x=x;
```

として $x = x^{(k)}$ の値を **backup_x** に保存し,

```
double action_init=0.5e0*x*x;
```

で **action_init**= $S(x^{(k)})$ を計算しています（init は <u>init</u>ial に由来していて，更新提案前の「初めの」action という意味です）．次に **dx**= Δx をランダムに生成し，$x' = x^{(k)} + \Delta x$ を計算しています:

```
double dx = (double)rand()/RAND_MAX;
dx=(dx-0.5e0)*step_size*2e0;
x=x+dx;
```

まず 0 と 1 の間の一様乱数 **rand()/RAND_MAX** を生成し，それをシフト，定数倍して $[-c, +c]$ の一様乱数を得ています．このようにして得られた x' を用いて **action_fin**= $S(x')$ を計算し（fin は <u>fin</u>al の意味です），最後にメトロポリステストを行います:

```
/******************/
/* メトロポリステスト*/
/******************/
    double metropolis = (double)rand()/RAND_MAX;
    if(exp(action_init-action_fin) > metropolis)
/* 受理 */
      naccept=naccept+1;
    else
/* 棄却 */
      x=backup_x;
```

metropolis は $[0, 1]$ の間の一様乱数で，r に相当します．メトロポリステストの結果に応じて，候補として提案された x' が受理または棄却されます．

マルコフ連鎖モンテカルロ法を用いたあらゆるプログラムは基本的に同じ形をしています．問題の特徴に合わせてメトロポリス法よりも効率的な洗練されたアルゴリズムが用いられますが，どれも基本的には $x \to x' = x + \Delta x$ のステップを改良しているだけです．このプログラムが理解できれば，後は技術的な詳細を除いて全て同じだと思って下さい．

具体的なシミュレーション結果を見てみましょう．初期条件は $x^{(0)} = 0$ と

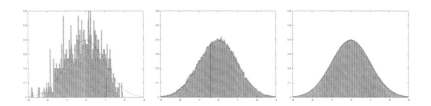

図 4.1 $x^{(1)}, x^{(2)}, \cdots, x^{(K)}$, $K = 10^3, 10^5, 10^7$ の分布. K が大きくなると正しい関数 $\frac{e^{-\frac{x^2}{2}}}{\sqrt{2\pi}}$ に収束する.

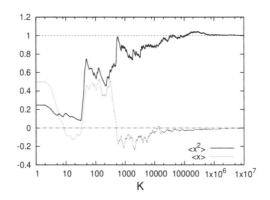

図 4.2 $\langle x \rangle = \frac{1}{K} \sum_{k=1}^{K} x^{(k)}$ と $\langle x^2 \rangle = \frac{1}{K} \sum_{k=1}^{K} \left(x^{(k)} \right)^2$. K が大きくなるにつれて, それぞれ正しい値である 0 と 1 に近づいて行く.

し, ステップ幅を 0.5 としてみます (後で説明しますが, 実はこのステップ幅はあまり効率的ではありません). 図 4.1 に, $x^{(1)}, x^{(2)}, \cdots, x^{(K)}$ の分布を $K = 10^3, 10^5, 10^7$ について示しました. K が大きくなるに従って, 正しい分布 $\frac{e^{-\frac{x^2}{2}}}{\sqrt{2\pi}}$ に収束していくことがはっきりと見て取れます. 図 4.2 には, 期待値 $\langle x \rangle = \frac{1}{K} \sum_{k=1}^{K} x^{(k)}$ と $\langle x^2 \rangle = \frac{1}{K} \sum_{k=1}^{K} \left(x^{(k)} \right)^2$ がプロットしてあります. これらも, K が大きくなるにつれて正しい値である 0 と 1 に収束しています.

　ステップ幅 c は x の更新確率 (更新の提案の受理確率) が大きすぎも小

さすぎもしないように程良い値に選びます．c が大きすぎると，更新確率が極端に低くなってしまい，x の値がほとんど変わりません．c が小さすぎると，更新確率はほとんど 100% になりますが，各ステップ毎の値の変化が小さいので，これまた x の値はほとんど変わりません．いずれにせよ，正しい統計分布を精度よく近似するためには c を適切に選んだ時と比べてより多くのステップが必要になってしまいます．このことは 4.3 節でより詳しく説明します．

典型的には更新確率が 30% – 80% が程良い値ですが，アルゴリズムや計算したい積分の種類によって変わってきます．

● 間違いの例

メトロポリス法を正しく使えるようになるために，間違った使い方の例も見てみましょう．Δx を $-\frac{1}{2}$ と 1 の間から選ぶようにしてみます．こうすると，詳細釣り合いが破れてしまいます．これは，$0 \to 1$ という遷移は起こり得るのに $1 \to 0$ は起こり得ないことから明らかでしょう．このようにして計算した x の分布を図 4.3 に示しました．正しい分布に収束していないことが一目でわかります．

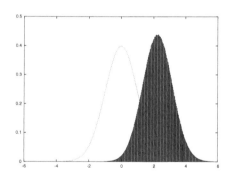

図 4.3　$\Delta x \in \left[-\frac{1}{2}, 1\right]$ という間違った値を用いて生成した $x^{(1)}, x^{(2)}, \cdots, x^{(K)}$ の分布 ($K = 10^7$)．破線が目標のガウス分布 $\dfrac{e^{-\frac{x^2}{2}}}{\sqrt{2\pi}}$ だが，詳細釣り合い条件が満たされないために，正しい分布に収束していない．

4.3 自己相関

ここまでに述べたことを守っていれば，原理的には目的の確率分布が得られます．しかし，原理的に正しいかどうかと現実に使い物になるかどうかは別問題です．人間の寿命は有限なので，できるだけ早く目的の確率分布に到達しなければなりません．また，得られたサンプルが「質の良いサンプル」かどうかも吟味が必要です．極端な話，1 万個のサンプルがあったとしても，全く同じ値のサンプル 1000 個が 10 セット集まったものだとしたら，そのサンプルには 10 個分のサンプルの価値しかありません．

このような事情を考える時にキーワードになるのが相関です．マルコフ連鎖モンテカルロ法では $x^{(k)}$ を少しだけ変化させて $x^{(k+1)}$ を作るので，当然ながら両者に相関があります．これは自己相関と呼ばれます．ステップ幅が小さかったり更新確率が低かったりすると自己相関が強くなり，目的の確率分布に中々到達しなかったり，無駄の多いサンプルを集めてしまったりといった現象が起こるのです．この節ではここに焦点を当てて，現実的なシミュレーションに必要な技術を紹介しましょう．

4.3.1 初期値との相関とシミュレーションの熱化

先ほどのガウス分布の例では初期条件を $x^{(0)} = 0$ としました．これはガウス分布の中心が $x = 0$ だとあらかじめ知っていたからです．仮に分布の中心から大きく外れた値，例えば $x^{(0)} = 100$ からシミュレーションを始めたらどうなるでしょうか？

その様子が図 4.4 です．見ての通り，最初のうちは x が大きな値にとどまります．これはシミュレーションの初期段階には初期値との相関が強く残るために起こる現象です．実際，しばらく待つと初期値の影響が徐々に消えていき，$x = 0$ の近くまでやってきて振動し始めます．このように分布の中心に到達することを「シミュレーションが熱化した」ということがあります．

「熱化」という用語の字面からも読み取れるように，この背後には熱に関わる物理現象のイメージがあります．水の入ったコップに氷の欠片を入れると，氷が溶け切るまでは液体の水から氷に向けて熱が移動します．これはまだ平衡状態になっておらず，「氷を入れた」という初期状態の影響が強く残っている状態です．ところが，氷が溶け切ってしばらくすると，コップの中は

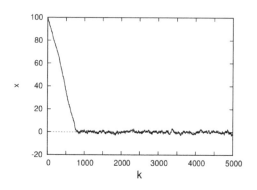

図 4.4　メトロポリス法を用いたガウス積分のシミュレーションの履歴．ステップ幅は $c = 0.5$ と
した．正しい値から大きく外れた $x = 100$ という値を初期値に選んだために，しばらくの
間は初期値との相関が残り，正しい値である $|x| \sim 1$ に到達するのに多くのステップを費
やしている．

　熱的に変化しなくなります．これが熱平衡状態です．熱平衡状態でも一つ一
つの分子は激しく動き回っていますが，巨視的には違いが見えない「典型的
な状態」に落ち着いています．シミュレーションで言えば，初期値との相関
が十分に小さくなり，積分に大きく寄与する領域を動き回っている状況に相
当します．こう考えると熱化という言葉の意味がすんなり理解できるでしょ
う（すぐに説明するように，熱化という言葉は別の意味でも使われるので注
意して下さい）．

　期待値を計算する時に熱化する前のサンプルも使ってしまうと，初期値の
影響を強く反映するため，（サンプル数を極端に大きくしない限りは）大き
な誤差が生じてしまいます．したがって，現実的には熱化前のサンプルは捨
てる必要があります．図 4.4 でいうと，少し余裕を持って $k \leq 1000$ を捨て
ると良いでしょう．より定量的な評価をするには，$k \leq K_{\text{cut}}$ を捨てた場合
の期待値を K_{cut} の関数としてプロットし，期待値が一定になる十分大きな
K_{cut} を選びます．

　より一般の複雑な計算をする際には，分布の大雑把な形を事前には知らな
いことが多いでしょう．そのような場合には，いくつかの量（例えば物理の
問題を考えているのであればエネルギーや圧力といった具体的に計算したい

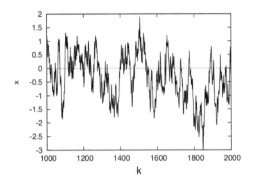

図 4.5　図 4.4 の $k = 1000$ から $k = 2000$ を拡大したもの．最低でも 20 から 30 ステップ離れていない限り x の値が強く相関している様子が見て取れる．

量）をプロットしてみましょう．これらが単調に減少したり単調に増加したりしている場合は，まだ熱化していない可能性が高いことを示しています．熱化したら，期待値の周りで振動を始めるはずです．図 4.5 の例では，x が単調に減少したのちに $x = 0$ の周りで振動しています．

4.3.2　自己相関

　熱化した後にも注意が必要です．図 4.5 は，図 4.4 の $k = 1000$ から $k = 2000$ を拡大したものです．これを見ると，最低でも 20 から 30 ステップの間は影響が消えていないことがわかります．これが自己相関です（より定量的な評価は次の 4.3.3 節で与えます）．相関が強いサンプルを独立に扱ってしまうと誤差評価が不正確になってしまうので注意が必要です．相関がなくなるのに必要なステップ数（今の例では 20 か 30 くらい）を自己相関長と言います[*2]．最低でも自己相関長くらいは離れていないと，独立なサンプルとは呼べません．

　期待値を精度よく評価するためには十分な数の独立なサンプルが必要です．さもないとサンプル数を増やすにつれて期待値が大きく変動してしまいます．もちろんこれでは正確な計算とは言えません．なお，独立なサンプルが十分に貯まって期待値の変化が小さくなることも「シミュレーションが熱

---

*2　より正確な定義については文献 [5] などを参照してください

化した」と言う場合があります.

4.3.3 自己相関長とジャックナイフ法

自己相関の強さを簡単かつ効果的に評価する方法の一つがジャックナイフ法です.ここでは,簡単のために求めたい量が各サンプルごとに計算できる場合だけを考えます[*3].すなわち,求めたい量は x の関数として $f(x)$ のように表せるものを想定します.より一般的な場合については付録 D を参照して下さい.

まず,サンプルを w 個ずつのグループに分けます.最初のグループは $\{x^{(1)}, x^{(2)}, \cdots, x^{(w)}\}$,二番目のグループは $\{x^{(w+1)}, x^{(w+2)}, \cdots, x^{(2w)}\}$,といった調子です.このようにした時,全部で n 個のグループが得られたとします.l 番目のグループの平均値は

$$\tilde{f}^{(l,w)} \equiv \frac{1}{w} \sum_{j=(l-1)w+1}^{lw} f(x^{(j)}) \tag{4.8}$$

となります.これを用いて,ジャックナイフ誤差を

$$\Delta_w \equiv \sqrt{\frac{1}{n(n-1)} \sum_l \left(\tilde{f}^{(l,w)} - \overline{f} \right)^2} \tag{4.9}$$

と定義します.ただし,$\overline{f}$ は全サンプルを用いて計算した平均値です.すなわち,各グループを独立なサンプルと思い,$\tilde{f}^{(l,w)}$ を独立なサンプルから得られた値とみなして計算した標準誤差がジャックナイフ誤差です.

十分な数のサンプルが準備できている場合,w が大きくなるにつれて Δ_w は徐々に大きくなり,あるところから先 ($w \geq w_c$ としましょう) ではほぼ一定値になります.このようにして得られた w_c と Δ_{w_c} が自己相関長と誤差の目安となります.

図 4.6 に,x^2 の期待値 $\langle x^2 \rangle$ とジャックナイフ誤差 Δ_w を示しました.$w = 20$ 辺りまではエラーバーが急激に広がっていきますが,$w = 40$ から先はほとんど変化が見られません.余裕を持って $w_c = 50$ としておけば安全でしょう.図 4.7 には,$w = 50$ として計算した $\tilde{f}^{(l,w)}$ をプロットしました.自己相関がほとんど見られず,各グループを独立なサンプルとみなして良いことがわかります.このようにして得られた結果は $\langle x^2 \rangle = 0.982 \pm 0.012$ で,

---

[*3] 分散の計算や物理で複合粒子の質量を求める問題などはこの範疇ではありません.

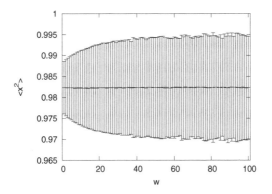

図 4.6 x^2 の期待値とジャックナイフ誤差.

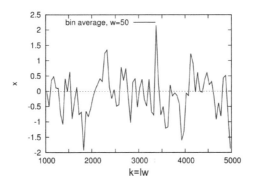

図 4.7 $w = 50$ の場合の各グループの平均値 $\tilde{f}^{(l,w)}$.

厳密値 $\langle x^2 \rangle = 1$ とよく一致しています.

なぜジャックナイフ法で自己相関長が評価できるのかを理解するために, 少し手を動かして計算してみましょう. グループ分けする幅として w と $2w$ の二通りを考えてみます. すると,

$$\tilde{f}^{(l,2w)} = \frac{\tilde{f}^{(2l-1,w)} + \tilde{f}^{(2l,w)}}{2} \tag{4.10}$$

となるのは定義から明らかでしょう. 幅 w の時に n 個のグループが作れるのであれば幅 $2w$ では $\frac{n}{2}$ 個のグループが作れるので, 幅 $2w$ で計算したジャックナイフ誤差は

$$\Delta_{2w} = \sqrt{\frac{1}{\frac{n}{2}\left(\frac{n}{2}-1\right)} \sum_{l=1}^{n/2} \left(\tilde{f}^{(l,2w)} - \overline{f}\right)^2}$$

$$= \sqrt{\frac{4}{n(n-2)} \sum_{l=1}^{n/2} \left(\frac{\left(\tilde{f}^{(2l-1,w)} - \overline{f}\right)}{2} + \frac{\left(\tilde{f}^{(2l,w)} - \overline{f}\right)}{2}\right)^2} \quad (4.11)$$

となります. 幅 w が十分に広くて $\tilde{f}^{(2l-1,w)} - \overline{f}$ と $\tilde{f}^{(2l,w)} - \overline{f}$ が独立だとみなせたとすると, 独立な量の積 $\left(\tilde{f}^{(2l-1,w)} - \overline{f}\right) \cdot \left(\tilde{f}^{(2l,w)} - \overline{f}\right)$ を l について平均すればゼロになるはずです. すると, 近似的に

$$\Delta_{2w} \sim \sqrt{\frac{1}{n^2} \sum_{l=1}^{n} \left(\tilde{f}^{(l,w)} - \overline{f}\right)^2} \sim \Delta_w \quad (4.12)$$

となります (この式変形の際に, n が十分大きいことを仮定しました). したがって, w が自己相関長よりも大きな値の時には Δ_w が一定値になることがわかります.

4.3.4　ステップ幅の調整

シミュレーションを効率よく行うためには, パラメーターをうまく調節して**より低コストでより多くの独立なサンプルを生成する必要があります**[4]. 今の場合, 調整するべきパラメーターはステップ幅です.

メトロポリス法では確率 $\min(1, e^{-\Delta S})$ で更新の提案を受理します. ガウス積分 $S = \frac{x^2}{2}$ の例を考えてみましょう. $x \sim 0$ から $x + \Delta x$ への遷移が提案されたとします. $\Delta x \gg 1$ だと, $\min(1, e^{-\Delta S}) = e^{-\Delta S} \ll 1$ となり, 棄却確率がほぼ100%になります. したがって, $\Delta x \lesssim 1$ でなければサンプルが効率よく更新されません. ステップ幅 c が大きすぎると, 確率 $\frac{1}{c}$ 程度でしか $\Delta x \lesssim 1$ が得られず, 更新されたとしても (c の値に依らずに) x の更新幅は高々 1 程度なので, 自己相関長が c に比例して大きくなってしまいます. このような領域ではステップ幅 c と更新確率の積が一定になります.

一方で, c が小さすぎると, 更新確率はほぼ100%になるものの, 一回あたりの更新幅は c に比例して小さくなってしまいます. このプロセスはステッ

---

[4]　ここでは「コスト」は計算量 (あるいはほぼ同じことですが計算にかかる時間や電気代) を意味するとします. 並列計算機を用いる際には, 電気代を多く払う代わりに時間を節約することが可能になるので, 何を「コスト」と思うかは非自明になります.

表 4.1　サンプル数 10000 で測定したステップ幅と更新確率の関係.

ステップ幅 c	更新確率	$c \times$ 更新確率
0.5	0.9077	0.454
1.0	0.8098	0.810
2.0	0.6281	1.256
3.0	0.4864	1.459
4.0	0.3911	1.564
6.0	0.2643	1.586
8.0	0.1993	1.594

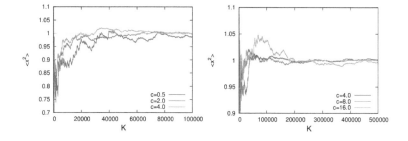

図 4.8　ステップ幅 c を変えた時の $\langle x^2 \rangle = \frac{1}{K} \sum_{k=1}^{K} \left(x^{(k)} \right)^2$. ステップサイズが小さすぎても大きすぎても効率が悪い.

プ幅 c のランダムウォークとみなせるので，n ステップでの典型的な更新幅は $c\sqrt{n}$ であり，自己相関長は $\frac{1}{c^2}$ に比例して大きくなってしまいます．したがって，c が大きすぎもせず小さすぎもしないところで自己相関長が最小になるはずです．

　表 4.1 に，ステップ幅 c の値を変えた時の更新確率の変化をまとめました．$c > 4$ では c と更新確率の積がほぼ一定になっており，c が大きすぎることがわかります．また，$c = 0.5$ や $c = 1.0$ では更新確率が高く，c が小さすぎると考えられます．したがって，$c = 2 \sim c = 4$ あたりを用いてシミュレーションすると良さそうです．

　図 4.8 に，c の値ごとに，x^2 の期待値 $\langle x^2 \rangle$ がどのように 1 に収束するかを示しました．$c = 2$ と $c = 4$ を用いると，c が大きすぎたり小さすぎたりする場合と比べて収束が速くなることが見て取れます．

4.3.5　ボックス・ミュラー法再訪　〜「乱数」と「自己相関」

2.4.1 節で導入したボックス・ミュラー法は，マルコフ連鎖モンテカルロ法の特別な例と解釈できます．ボックス・ミュラー法で生成したガウス乱数を $x^{(0)}, x^{(1)}, x^{(2)} \cdots$ と呼ぶことにしましょう．これがマルコフ連鎖モンテカルロ法の条件を満たしていることを確認してみましょう．

- マルコフ連鎖であること，すなわち，$x^{(k)}$ から $x^{(k+1)}$ が得られる確率が過去の履歴 $x^{(0)}, x^{(1)}, \cdots, x^{(k-1)}$ には依らないこと．ボックス・ミュラー法で乱数を生成する場合には $x^{(k+1)}$ が得られる確率は $x^{(k)}$ にすら依存しないので，この条件は自明に満たされています．数式で書くと，遷移確率 T は $T(x \to x') = P(x')$ となっています．
- 既約性：これも自明ですね．1 ステップでどこにでも行けます．
- 非周期性も明らかでしょう．任意の n_s について，n_s ステップで元に戻ってくる可能性があります．
- 詳細釣り合い条件が満たされていることも，

$$P(x) \cdot T(x \to x') = P(x') \cdot T(x' \to x) = P(x) \cdot P(x') \qquad (4.13)$$

という計算でわかります．

メトロポリス法のような普通のマルコフ連鎖モンテカルロ法は，「$x^{(k)}$ を少しだけ変えて $x^{(k+1)}$ を作る」という操作に基づいています．これが自己相関の原因でした．ボックス・ミュラー法では，$x^{(k)}$ の値に関係なしに $x^{(k+1)}$ を作るので，自己相関がありません．自己相関がないので「乱数」と呼ばれるのです．その意味で，ボックス・ミュラー法はメトロポリス法よりも遥かに優れています．一方で，このような優れたアルゴリズムは簡単な確率分布に対してしか発見されていません．ありとあらゆる確率分布に適用できるという意味ではメトロポリス法が圧倒的に優れています．

できるだけ自己相関がないようにすれば効率が良いだろうという考えは，6.3 節で説明するメトロポリス・ヘイスティングス法（MH 法）や 6.2 節で紹介するギブスサンプリング法の基礎になっています．ボックス・ミュラー法はこれらのアルゴリズムの特別な場合と考えることもできます．

4.4 ガウス分布以外の例

ここまでは $S(x) = \frac{x^2}{2}$, $P(x) = \frac{e^{-S(x)}}{Z} = \frac{e^{-\frac{x^2}{2}}}{\sqrt{2\pi}}$ の例を見てきました。こんな簡単な方法で本当にいつでも上手くいくのかと疑問に思う疑り深い読者もいるかもしれませんので、いくつか他の例も見てみましょう。

まず、二つのガウス分布を重ね合わせた例を考えてみましょう。

$$P(x) = \frac{e^{-\frac{(x-3)^2}{2}} + e^{-\frac{(x+3)^2}{2}}}{2\sqrt{2\pi}} \tag{4.14}$$

としてみます。作用 $S(x)$ としては

$$S(x) = -\log\left(e^{-\frac{(x-3)^2}{2}} + e^{-\frac{(x+3)^2}{2}}\right) \tag{4.15}$$

を用いれば良いので、サンプルコードの

```
action_init=0.5e0*x*x;
```

と

```
action_fin=0.5e0*x*x;
```

を

```
action_init=-log(exp(-0.5e0*(x-3e0)*(x-3e0))
              +exp(-0.5e0*(x+3e0)*(x+3e0)));
```

と

```
action_fin=-log(exp(-0.5e0*(x-3e0)*(x-3e0))
              +exp(-0.5e0*(x+3e0)*(x+3e0)));
```

に書き直すだけです。ステップ幅を 0.5 と 5 に選んだ時の x の分布を図 4.9 に示しました。上の段がステップ幅 0.5, 下の段がステップ幅 5 です。最終的に得たい分布 $P(x) = \frac{e^{-\frac{(x-3)^2}{2}} + e^{-\frac{(x+3)^2}{2}}}{2\sqrt{2\pi}}$ は点線で示してあります。徐々に正しい分布に収束していくことが見て取れます。特に、ステップ幅が 5 の時には速やかに正しい分布が得られています。しかし、ステップ幅が 0.5 の

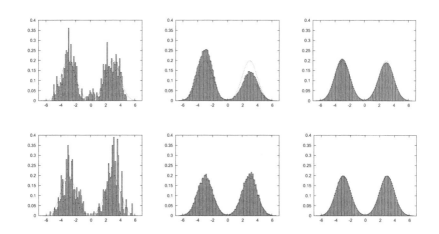

図 4.9　左から $K = 10^3, 10^5, 10^7$ の時の $x^{(1)}, x^{(2)}, \cdots, x^{(K)}$ の分布. 上段はステップ幅 0.5, 下段はステップ幅 5. ステップ幅が 0.5 の場合は 10^7 サンプル貯めてもまだ $P(x) = \dfrac{e^{-\frac{(x-3)^2}{2}} + e^{-\frac{(x+3)^2}{2}}}{2\sqrt{2\pi}}$ からのズレが見えているが, ステップ幅を 5 にすると速やかに収束している.

場合（図 4.9）は, 二つの山の高さがなかなか同じにならず, 10^7 サンプル貯めてもまだズレが見えています. これはなぜでしょうか.

　重点サンプリングをするということは, 確率の低い状態はできるだけ避けるということでした. 今考えているような二つ山の分布の場合, ちょうど中間の $x = 0$ 付近のくびれ部分は確率が低いのでできるだけ避けようとします. そのため, ステップ幅が小さいと, くびれを通り抜けるのが難しくなります. 二つの山の間を頻繁に行き来すれば綺麗に同じ高さの分布になるのですが, 滅多に行き来しない場合にはどちらか一方に滞在する時間が長くなってしまって高さが不均等になってしまいます. 3.2 節で説明したように, 極端なくびれはマルコフ連鎖モンテカルロ法の基本条件の一つである既約性を壊してしまうのです（もちろん, 厳密な意味では既約性は壊れていないので, 非常に長い時間待てば正しい結果に収束します. しかし,「非常に長い時間」というのが我々の人生より遥かに長いこともよくあります）. ステップ幅を 5 に取った場合には, くびれ部分を一気に飛び越して二つの山の間を簡単に行き来することができるようになるので, ステップ幅 0.5 の時よりも速やかに正しい値に収束します. 4.7.1 節では, もっと極端な例として

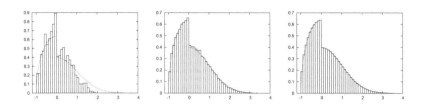

図 4.10 (4.16) で定義される確率分布をステップ幅 0.5 のメトロポリス法で再現してみる. $x^{(1)}, x^{(2)}, \cdots, x^{(K)}$. $K = 10^3, 10^5, 10^7$ の分布.

$P(x) = \dfrac{e^{-\frac{x^2}{2}} + e^{-\frac{(x-100)^2}{2}}}{2\sqrt{2\pi}}$ を取り上げます. ステップ幅をどう選んだら良いか, 考えてみて下さい (7.3.3 節で取り上げるレプリカ交換法を用いるともっと複雑な場合にも対処可能です).

いい加減くどくなってきましたが, もう一つだけ例を挙げておきましょう. $x = 0$ を境にして, 半円とガウス分布を貼り合わせてみます:

$$P(x) = \begin{cases} \dfrac{e^{-\frac{x^2}{2}}}{\sqrt{2\pi}} & (x \geq 0) \\ \dfrac{2}{\pi}\sqrt{1 - x^2} & (-1 \leq x < 0) \\ 0 & (x < -1) \end{cases} \tag{4.16}$$

$x < -1$ では確率が 0 なので, $x' < -1$ となった場合には 100%棄却することにします ($x < -1$ では $S(x) = \infty$ とすると言っても同じことです). そのようにして作った分布を図 4.10 に示しました. 期待通り, $x = 0$ を境に, 左側は半円状に, 右側はガウス型分布になりました. この場合にはくびれはないので, ステップ幅の選び方は先ほどの例ほど重要ではありません.

4.5 複雑な数値積分への応用

マルコフ連鎖モンテカルロ法では, 分配関数 Z は直接には計算できません. 期待値が計算できるだけです. 多くの場合, 分配関数は単なる規格化因子なので, 特に必要ではありません. しかし, Z の値自体に興味がある場合もあります. その場合, どのようにして Z の値を計算できるでしょうか?

一変数の場合であれば, x の確率分布 $P(x) = \dfrac{e^{-S(x)}}{Z}$ をプロットして $e^{-S(x)}$ との比を見るだけで良いですが, このやり方は多変数の場合には通

用しません．以下，多変数の場合に簡単に一般化できる手法を紹介します．

$Z = \int dx e^{-S(x)}$ を計算したかったとします．$S(x)$ は，Z が有限であることが保証されてさえいれば，複雑な関数でも構いません．簡単な関数，例えば $S_0(x) = \frac{x^2}{2}$ であれば，$Z_0 = \int dx e^{-S_0(x)} = \sqrt{2\pi}$ であることが解析的な計算でわかります．すると，Z と Z_0 の比はマルコフ連鎖モンテカルロ法で計算できます：

$$\frac{Z}{Z_0} = \frac{1}{Z_0} \int dx e^{-S_0} \cdot e^{S_0 - S} = \langle e^{S_0 - S} \rangle_0 . \tag{4.17}$$

ここで，$\langle \cdot \rangle_0$ は e^{-S_0} を重みとして計算した期待値を意味しています．Z_0 の値がわかっていれば，Z の値もわかります．

例として，

$$S(x) = \begin{cases} -\frac{1}{2}\log(1-x^2) & (-1 < x < 1) \\ \infty & (x < -1, x > 1) \end{cases} \tag{4.18}$$

としてみましょう．この時，Z は半円の面積 $\frac{\pi}{2}$ になるはずです．

$$e^{S_0(x) - S(x)} = \begin{cases} e^{\frac{1}{2}x^2}\sqrt{1-x^2} & (-1 < x < 1) \\ 0 & (x < -1, x > 1) \end{cases} \tag{4.19}$$

の期待値を計算すると

$$\frac{Z}{Z_0} = \frac{\pi}{2} \cdot \frac{1}{\sqrt{2\pi}} = 0.6266.... \tag{4.20}$$

となります（図 4.11 の左）．

この手法は原理的にはいつでも使えますが，現実的なことを言うと，確率分布 $P(x) = \frac{e^{-S(x)}}{Z}$ と $P_0(x) = \frac{e^{-S_0(x)}}{Z_0}$ に十分な重なりがない場合にはうまく行きません．簡単な例として，$S = \frac{(x-c)^2}{2}$ を考えてみましょう（もちろん，この場合は解析的に計算できてしまいますが....）．この場合，$P(x)$ と $P_0(x)$ は $x = c$ と $x = 0$ にピークを持ちます．計算すべき重み因子は

$$\frac{P(x)}{P_0(x)} = e^{S_0(x) - S(x)} = e^{\frac{x^2}{2} - \frac{(x-c)^2}{2}} \tag{4.21}$$

です．c が大きい場合（例えば $c = 100$）では，シミュレーションに現れる $e^{S_0 - S}$ という因子がほとんどの場合に e^{-5000} のような極端に小さい値になります．なぜなら，x は典型的には 1 程度の値を取るからです．しかし，

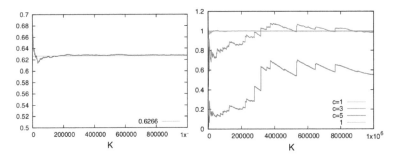

図 4.11　[左] (4.19) の期待値の計算．メトロポリス法，ステップ幅 4．[右] (4.21) の期待値の計算．メトロポリス法を用いて，c として 1, 3, 5 の三通りを試した結果．横軸 K は平均値をとるのに用いたサンプル数．

e^{+5000} 回程度に一回という非常に小さな確率で x が 100 程度の大きな値を取り，e^{S_0-S} は e^{+5000} 程度の極端に大きな値を持ちます．これらを平均すると $\frac{Z}{Z_0} = 1$ が得られるわけです．平均を取る際に重要なのは有限のシミュレーション時間ではまず出てこない $x \sim 100$ です．現実的なサンプル数でシミュレーションを打ち切ってしまうと正確な値を得ることができないのは明らかです．実際，図 4.11 の右側のプロットを見ると，$c = 3$ でもすでに収束が遅くなり始めていることがわかります．$c = 5$ では，100 万サンプルを貯めてもまだ正しい期待値 $\langle e^{\frac{x^2}{2} - \frac{(x-c)^2}{2}} \rangle_0 = 1$ から大きく乖離しています．この問題は確率分布 $P(x)$ と $P_0(x)$ に十分な重なりがないせいで生じているので，オーバーラップ問題と呼ばれます*5．

　ちなみに，いま議論している例では，オーバーラップ問題は簡単に解決できます．欲張ってシミュレーションを一度で済まそうとせずに，k 回に分けましょう．$S_0, S_1, S_2, ..., S_k = S$ とし，S_n と S_{n+1} が十分近くなるようにします．例えば $S_n = \frac{1}{2}\left(x - \frac{cn}{k}\right)^2$ とし，k を c と同じくらいの値に取れば良いでしょう．すると，$\frac{Z_{n+1}}{Z_n}$ $(Z_n = \int dx e^{-S_n(x)})$ は深刻なオーバーラップ問題に悩まされずに力任せに計算できます．$\frac{Z_1}{Z_0}, \frac{Z_2}{Z_1}, \cdots, \frac{Z_k}{Z_{k-1}}$ を計算すれば，$Z = Z_k$ が求められます．同じ手法はより複雑な Z に対しても適用できます．筆者の一人は実際にこの手法を用いて積分をして論文を書いたことがあります [6]．

---

*5　4.6 節で議論する「負符号問題」はオーバーラップ問題の一種であるとも言えます．

4.6 負符号問題

上で説明したやり方は，常に $e^{-S(x)}$ が確率と解釈できること，すなわち $e^{-S(x)} \geq 0$ であることを仮定していました．物理で重要な例では，この条件が満たされないことがあります．例えば，x の値によっては $e^{-S(x)} < 0$ となってしまったり，$e^{-S(x)}$ が複素数になってしまったりします．すると，マルコフ連鎖モンテカルロ法はそのままでは適用できません．これが悪名高い「負符号問題」です（$e^{-S(x)}$ が複素数になる場合には「位相問題」とも呼ばれますが，その場合でも「負符号問題」の方がよく使われます）．

負符号問題の一般的な解決策は知られていません．負符号問題は計算機科学のみならず数学や論理学の重要課題でもある $P \neq NP$ 予想とも関連する難しい問題で，一般的な解決策は原理的に存在し得ないであろうと広く信じられています [7]．しかし，具体的な問題に特化した解決策はいくつか知られています．また，コンピューターの性能に物を言わせて腕力でねじ伏せられる場合も多々あります．この節では，その様な力任せの手法の代表例である**再重み付け**を紹介します．

$e^{-S(x)}$ が複素数だったとします．$e^{-S(x)}$ を絶対値 $|e^{-S(x)}| = e^{-S_0(x)}$ と複素位相 $e^{i\theta(x)}$ に分けましょう：

$$e^{-S(x)} = e^{-S_0(x)} \times e^{i\theta(x)} \tag{4.22}$$

e^{-S_0} を確率と思ってシミュレーションするのは簡単です．その場合の期待値を $\langle \cdot \rangle_0$ と表すことにします．すると，

$$\int dx e^{-S(x)} = \langle e^{i\theta(x)} \rangle_0 \times \int dx e^{-S_0(x)} \tag{4.23}$$

ですので，$\langle e^{i\theta(x)} \rangle_0$ に加えて $\int dx e^{-S_0(x)}$ も計算してやれば $\int dx e^{-S(x)}$ が求まります．$\int dx e^{-S_0(x)}$ の計算は，4.5 節で説明した方法を用いれば可能です．

このやり方は原理的には簡単なのですが，$e^{i\theta}$ が激しく振動し，$\langle e^{i\theta} \rangle_0$ がほとんどゼロになってしまう場合があります（特に，変数がたくさんある場合にその様な例が多々見られます）．すると，$\langle e^{i\theta} \rangle_0$ を精度良く求めなければならないので，計算が大変になります．

期待値 $\langle f(x) \rangle$ の計算も原理的には簡単で，

$$\langle f(x) \rangle = \frac{\langle f(x) e^{i\theta} \rangle_0}{\langle e^{i\theta} \rangle_0} \tag{4.24}$$

を使うだけです．この場合も，分子と分母が両方とも極端に小さくなってしまう場合があります．

位相因子の有無で積分に対する寄与が大きな x の領域が違ってくる場合には負符号問題が特に深刻になります[*6]．そのような場合には負符号問題はオーバーラップ問題の一種であるとも言えます．

4.7 よくある間違い

この節では，初心者が（時には熟練者も）犯しがちな間違いをまとめます．

4.7.1 シミュレーションの途中でステップ幅を変えてしまう

図 4.9 の例のように，確率分布の真ん中にくびれがある場合を考えてみましょう．極端な例として $S(x) = -\log\left(e^{-\frac{x^2}{2}} + e^{-\frac{(x-100)^2}{2}}\right)$ を取ってくると，$e^{-S(x)}$ は $x = 0$ と $x = 100$ の周りにピークが立っていて間はほとんどゼロとなります．このような場合，くびれ部分をなかなか通り抜けられず，全体をサンプリングするのは簡単ではありません．また，このようなくびれに囲まれた特殊な配位に捕まってしまってそこからなかなか抜け出せないということもよくあります．そのような場合，更新確率を上げるためにステップ幅を小さくしたくなってしまいます．しかし，そのようなことをしたら，一般には間違った結果が得られてしまいます．**シミュレーションの途中ではステップ幅を変えてはなりません．**

ただし，複数の異なるステップサイズを組み合わせることは可能です．**3章で説明した条件が破れない限りは何をしても構いません**．例えば，偶数番目のステップでは $c = 1$，奇数番目のステップでは $c = 100$ としても何の問題もありません[*7]．このようにすると，奇数番目のステップで $x = 0$ の周りと $x = 100$ の周りの二つのピークを行き来できるようになるので，全体をサ

[*6] 符号を落としたシミュレーションで重点的にサンプルされるピークの周りでは $e^{i\theta}$ が特に大きく振動してピークが打ち消されます．

[*7] 実はこの場合は，詳細釣り合い条件に関して少しだけ非自明な問題があり，慎重に考える必要があります．詳しくは練習問題 4.2 を参照して下さい．

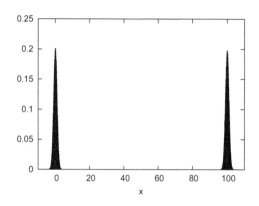

図 4.12　$S(x) = -\log\left(e^{-\frac{x^2}{2}} + e^{-\frac{(x-100)^2}{2}}\right)$, $P(x) = \dfrac{e^{-\frac{x^2}{2}} + e^{-\frac{(x-100)^2}{2}}}{2\sqrt{2}}$ のシミュレーション結果のヒストグラム．メトロポリス法で，偶数番目のステップでは $c = 1$, 奇数番目のステップでは $c = 100$ という異なるステップサイズを用いた．合計 1000 万サンプル．$P(x)$ も描いてあるが，ヒストグラムと完璧に重なってしまっていて肉眼では判別不能．

ンプリングできるようになります（図 4.12 参照）．あるいは，サイコロを振ってステップ幅を決めても構いません．確率 $\frac{1}{6}$ でステップ幅を $1, 2, 3, 4, 5, 6$ からランダムに選んでも 3 章で挙げた条件は破れません．文字通り何をやっても構いませんので，色々と試してみて下さい．

　特殊な配位に捕まって抜け出せないというのは熱化の過程でよく起こります．これを避けるためには，初期配位をうまく選んだり，初めのうちはステップ幅を小さくしてある程度熱化してからステップ幅を上げたりすることが有効です．期待値を評価するために用いるサンプルの生成に同じステップ幅を使っていれば良いので，熱化の過程ではステップ幅を変えても問題ないのです．どうせ捨ててしまうのですから[8]．

4.7.2　異なるステップサイズで得られた配位を混ぜてしまう

　これは 4.7.1 節とよく似ています．いくつかの異なるステップサイズでシミュレーションをした場合，各ステップサイズごとに欲しい確率分布に収

---

[8]　熱化の初期段階ではメトロポリステストを行わない，というのもよく用いられる手法です．これは 6.1 節で紹介する HMC 法で特に有効です．期待値の評価に用いない部分で詳細釣り合いを満たしていなくても何の問題もないのは明らかでしょう．

束することは保障されていますが，有限ステップでシミュレーションを打ち切って異なるステップサイズで得られた配位を混ぜ合わせてしまうと，コントロール不可能な誤差が生じ，おかしな結果が得られる可能性があります．ただしこれには例外もあって，異なるステップサイズのごとに自己相関がきちんと評価できている場合は，自己相関のない独立な配位を混ぜて平均値を取ることは可能です．

　同じステップサイズのシミュレーションを複数走らせた場合には，十分熱化していることが確認できていれば，配位を混ぜ合わせて解析しても問題ありません．

4.7.3 「乱数」が乱数でなかった

　数値計算で用いられる乱数は正確には「擬似乱数」なので，正しく使わないと大変なことになります．例えば 1000 ステップごとに同じ擬似乱数の列を繰り返してしまったとしたらどうなるでしょうか．図 4.13 に示したように，明らかに間違った答えに収束してしまいます．

　このような間違いは簡単に起こります．何ヶ月もかかるような大規模なシミュレーションをする場合，シミュレーションを 1 時間なり 1 日なりで終わ

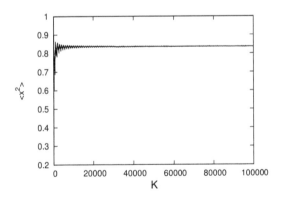

図 4.13　1000 ステップごとに同じ擬似乱数列を繰り返してしまった場合（「乱数」が乱数でなかった場合）．メトロポリス法，ステップ幅 $c = 1$ でガウス積分をしてみた．$\langle x^2 \rangle = \frac{1}{K} \sum_{k=1}^{K} (x^{(k)})^2$ は本来であれば 1 に収束しなければならないのだが，正しく「乱数」を用いていないので，間違った値に収束してしまっている．

るジョブに分割する必要があります．例えば一度に計算するのは 10 ステップとし，それを 1000 回繰り返して 1 万ステップをこなすという感じです．その際に毎回同じ「乱数」を使ってしまい，結局 10 ステップごとに同じ乱数列が繰り返されてしまったりするわけです．

このようなことを避けるためには，配位だけでなく，利用している擬似乱数列の情報も保存することが望ましいです．最初は面倒ですが，一度コードを書けばあとはコピーするだけで使い回しが効きます．

練習問題

4.1 $x' = x^{(k)} + \Delta x$ を $x^{(k+1)}$ の候補として提案する際，Δx は一様乱数でなくてガウス乱数でも良いことを証明して下さい．また，もっと一般に，Δx と $-\Delta x$ が同じ確率で現れさえすれば詳細釣り合い条件が保たれることを証明して下さい．

4.2 偶数番目のステップでは $c = 1$ の一様分布，奇数番目のステップでは $c = 100$ の一様分布としても問題ないことを示して下さい (4.7.1 節参照)．詳細釣り合い条件は満たされているでしょうか？

4.3 確率 $\frac{1}{6}$ でステップ幅を $1, 2, 3, 4, 5, 6$ からランダムに選んでも問題ないことを示して下さい (4.7.1 節参照)．

4.4 変数が離散的である時はどうしたら良いでしょうか．例えば x が整数に限られている時はどうしたら良いでしょうか？

4.5 マルコフ連鎖モンテカルロ法で生成した分布のヒストグラムにエラーバーをつけるにはどうしたら良いでしょうか？

4.6 $e^{-S(x)}$ の積分が有限でない時にメトロポリス法でシミュレーションを行うと何が起きるでしょうか？

4.7 連続変数の分布に対して詳細釣り合いを示すとき，ヤコビアンと呼ばれる量が 1 であることを暗黙のうちに用いました．$x \to x'$ という変換で無限小区間 $[x, x+dx]$ が $[x', x', +dx']$ に変化する場合には，幅の変化の割合 $\frac{dx'}{dx}$ がヤコビアンです．この本で扱う例では，特に断りのない限り，ヤコビアンが 1 であることが簡単に示せます．（少々非自明な例に HMC 法があります．問題 6.5 を参照して下さい．）もしヤ

コビアンが 1 でない場合にはどのような問題が生じ得るでしょうか？

解答例

4.1 $\dfrac{e^{-\frac{(\Delta x)^2}{2\sigma^2}}}{\sqrt{2\pi}\sigma}$ という確率で Δx を選んだとします．この時，遷移確率 $T(x \to x')$ は

$$T(x \to x') = \frac{e^{-\frac{(x-x')^2}{2\sigma^2}}}{\sqrt{2\pi}\sigma} \times \min\left(1, e^{S(x)-S(x')}\right) \tag{4.25}$$

となります．これは (4.4) の $\frac{1}{2c}$ を $\dfrac{e^{-\frac{(x-x')^2}{2\sigma^2}}}{\sqrt{2\pi}\sigma}$ に置き換えただけです．(4.6) と (4.7) も全く同じ変更を受けます．すなわち，$S(x) \geq S(x')$ の時には

$$P(x) \cdot T(x \to x') = \frac{e^{-S(x)}}{Z} \times \frac{e^{-\frac{(x-x')^2}{2\sigma^2}}}{\sqrt{2\pi}\sigma} \tag{4.26}$$

$$P(x') \cdot T(x' \to x) = \frac{e^{-S(x)}}{Z} \times \frac{e^{-\frac{(x-x')^2}{2\sigma^2}}}{\sqrt{2\pi}\sigma} \tag{4.27}$$

となります．このようにして，詳細釣り合い $P(x) \cdot T(x \to x') = P(x') \cdot T(x' \to x)$ を示すことができます．

もっと一般に，Δx の現れる確率を $f(\Delta x)$ とすると，

$$P(x) \cdot T(x \to x') = \frac{e^{-S(x)}}{Z} \times f(x' - x) \tag{4.28}$$

$$P(x') \cdot T(x' \to x) = \frac{e^{-S(x)}}{Z} \times f(x - x') \tag{4.29}$$

なので，$f(x' - x) = f(x - x')$ であれば詳細釣り合い条件が満たされます．

4.2 まず，偶数番目と奇数番目で異なるステップ幅を用いているので，偶数番目と奇数番目で遷移確率が異なります．そのため，現在のステップが偶数か奇数かを区別しないと，そもそも遷移確率が定義できません．ここでは，偶数なら $y = 0$，奇数なら $y = 1$ となる y を導入して，状態を (x, y) で指定することにしましょう．マルコフ連鎖であることと既約性が成り立つことはすぐにわかると思います．しかし，y の値は 0, 1, 0, 1, ⋯ を繰り返すため，周期は 2 になってしまい，非周期性が成り立ちません．また，y のことを忘れれば，各ステップで $P(x)T_{c=1}(x \to x') = P(x')T_{c=1}(x' \to x)$，$P(x)T_{c=100}(x \to x') = P(x')T_{c=100}(x' \to x)$ という形の詳細釣り合い条件が成立していますが，y も考慮すると $P(x)T((x,0) \to (x',1)) = P(x')T((x',0) \to (x,1))$，

$P(x)T((x,1) \to (x',0)) = P(x')T((x',1) \to (x,0))$ となり，詳細釣り合い条件とは少し異なるものになっています.

そこで，$y = 0 \to 1 \to 0$ という2つのステップをまとめて1ステップと思うことにしてみます．こうするとマルコフ連鎖であることと既約性，非周期性が成り立つことは明らかでしょう．このようにしても詳細釣り合い条件は一般には成り立ちません．すなわち，2ステップをまとめた遷移確率を

$$T(x \to x'') = \int dx' T_{c=1}(x \to x') T_{c=100}(x' \to x'') \tag{4.30}$$

として，一般には

$$P(x)T(x \to x') \neq P(x')T(x' \to x) \tag{4.31}$$

となります．$T(x \to x'')$ とは異なる遷移確率

$$\tilde{T}(x \to x'') = \int dx' T_{c=100}(x \to x') T_{c=1}(x' \to x'') \tag{4.32}$$

を用いると

$$P(x)T(x \to x') = P(x')\tilde{T}(x' \to x) \tag{4.33}$$

となっていることは確認できますが，これでは「詳細釣り合い」とは呼べません.

しかし，詳細釣り合い条件が成り立っていないからといって問題があるとは限りません．詳細釣り合い条件は単に十分条件に過ぎなかったことを思い出してください．本当に必要なのは単なる釣り合い条件，すなわち $P(x)$ が定常分布であることです．この条件を式で書くと

$$P(x) = \int dx' P(x') T(x' \to x) \tag{4.34}$$

となります．今の構成法では，$c = 1$ でも $c = 100$ でもステップサイズに依らずに $P(x)$ が定常分布であることは既に分かっています．（これは各ステップの詳細釣り合い条件から従いました.）すなわち

$$P(x) = \int dx' P(x') T_c(x' \to x) \tag{4.35}$$

が成り立っています．当然ながら，2つのステップをまとめて1ステップと思った場合にも $P(x)$ が定常分布になっています:

$$\int dx' P(x') T(x' \to x)$$
$$= \int dx' P(x') \int dx'' T_{c=1}(x' \to x'') T_{c=100}(x'' \to x)$$
$$= \int dx'' \left(\int dx' P(x') T_{c=1}(x' \to x'') \right) T_{c=100}(x'' \to x)$$

$$= \int dx'' P(x'') T_{c=100}(x'' \to x)$$

$$= P(x). \tag{4.36}$$

従って, $(x, y = 0)$ の分布は $P(x)$ に収束します. $(x, y = 1)$ についても同様です.

これはかなり細かい話で, 例えば $c = 1, 1, 100, 1, 1, 100, \cdots$ と繰り返した場合は $c = 1$, $c = 100$, $c = 1$ の 3 ステップをまとめて 1 ステップと思えば詳細釣り合いも含めて全ての条件が成り立ちます.

4.3 $\Delta x = \pm 0.5$ が得られる確率は $\frac{1}{6} \sum_{c=1}^{6} \frac{1}{2c}$, $\Delta x = \pm 1.41$ が得られる確率は $\frac{1}{6} \sum_{c=2}^{6} \frac{1}{2c}$, といった具合に, Δx と $-\Delta x$ は同じ確率で現れることが簡単に示せます. すると, 問題 4.1 の結果がそのまま使えます. この場合には問題 4.2 のような面倒なことはなく, 詳細釣り合い条件がごく自然に成り立っています.

4.4 Δx を離散的にするだけです.

4.5 ジャックナイフ法を利用することができます.

まず, $x^{(1)}, x^{(2)}, \cdots, x^{(K)}$ という K 個のサンプルからヒストグラムを作るには, x を適当な幅 dx の区間に区切り, 各区間に入っている x の個数を数え, 積分値が 1 になるように規格化します. i 番目の区間に入っている x の個数が n_i であれば, ヒストグラムの高さは $\rho_i = \frac{n_i}{K \cdot dx}$ です.

サンプルを w 個ずつ n 個の組に分けて, l 番目の組から計算したヒストグラムを $\tilde{\rho}_i^{(l,w)}$ とすれば, ジャックナイフ誤差は $\Delta_{w,i} = \sqrt{\frac{1}{n(n-1)} \sum_l \left(\tilde{\rho}_i^{(l,w)} - \rho_i \right)^2}$ となります.

4.6 「期待値」が数学的に定義できないので, マルコフ連鎖モンテカルロ法で計算することもできません. 極端な例として, $S(x) = -x^2$ を考えてみましょう. この時, x の絶対値が大きいほど $S(x)$ が小さいので, x は $+\infty$ か $-\infty$ に発散してしまいます.

4.7 確率密度から確率を得るためには, 無限小区間 dx を掛ける必要があります. 従って, 詳細釣り合いの証明に出てきた式には dx や dx' が掛かっていることが暗黙の了解でした. ヤコビアンが 1 であれば, これらは共通の因子であり, 無視できました. ヤコビアンが 1 でない場合にはこれらを真面目に取り扱う必要があり, Δx の選び方によっては詳細釣り合いが破れてしまうかもしれません.

Chapter 5

多変数のメトロポリス法

　前章まででマルコフ連鎖モンテカルロ法に共通するエッセンスは概ね出そろいました．とは言え，これまでに登場したのは一変数の例ばかりです．エッセンス自体はこれで尽きているとは言え，マルコフ連鎖モンテカルロ法が真にその威力を発揮するのは "次元の呪い" がその牙をむく多変数の確率分布を相手にする時です．また，現実の場面では解きたい問題の性質によって適切なアルゴリズムを選ぶことも大切です．

　そこでここからは，話を多変数の場合に拡張し，より実践的なアルゴリズムを紹介していくことにします．多変数になることで生じる注意点や新しいアルゴリズムに触れることで，逆に，「エッセンスは一変数のメトロポリスで尽きている」と述べた意味がわかるようになるはずです．最初の一歩として，メトロポリス法を多変数に拡張することから始めましょう．

　この拡張はとても簡単です．変数を $(x_1, x_2, \cdots, x_n)$ とします．多変数になったことで，サンプルの集め方に大きく分けて二つの選択肢が出てきます．一つは【まとめて更新】:

多変数のメトロポリス法【まとめて更新】

1. 全ての $i = 1, 2, \cdots, n$ に対し，Δx_i を $[-c_i, +c_i]$ からランダムに選び，$x_i' \equiv x_i^{(k)} + \Delta x_i$ を $x_i^{(k+1)}$ の候補として提案する．$c_1, c_2, \cdots, c_n$ は異なる値に取って良い．

2. メトロポリステスト: 0 と 1 の間の一様乱数 r を生成．$r < e^{S(\{x^{(k)}\}) - S(\{x'\})}$ ならばこの提案を受理して $\{x^{(k+1)}\} = \{x'\}$ と更新する．それ以外は提案を棄却して $\{x^{(k+1)}\} = \{x^{(k)}\}$ とする．

もう一つは【一つずつ更新】です:

多変数のメトロポリス法【一つずつ更新】

1. Δx_1 を $[-c_1, +c_1]$ からランダムに選び，$x_1' \equiv x_1^{(k)} + \Delta x_1$ とする．他の変数は変更せず，$x_i' \equiv x_i^{(k)}$ $(i = 2, 3, \cdots, n)$ とする．

2. メトロポリステスト：0 と 1 の間の一様乱数 r を生成．$r < e^{S(\{x^{(k)}\}) - S(\{x'\})}$ ならば提案を受理して $\{x^{(k+1)}\} = \{x'\}$ と更新する．それ以外は提案を棄却して $\{x^{(k+1)}\} = \{x^{(k)}\}$ とする（提案が受理されても棄却されても x_i $(i = 2, 3, \cdots, n)$ は変わらないことに注意）．

3. 同様にして，x_2 を更新する．x_i $(i = 1$ と $i = 3, \cdots, n)$ には手を触れない．

4. 以下全く同様にして，$x_3, \cdots, x_n$ を一つずつ順番に更新．

どちらのやり方でも 3 章で説明したマルコフ連鎖モンテカルロ法の 4 つの条件が満たされていることを確認してみて下さい．（細かいことを言うと，【ひとつずつ更新】の場合は少しだけ事情が複雑です．章末の練習問題 5.1 を参照してください．）

変数がたくさんある場合，【まとめて更新】ではステップ幅 c_i を小さく取らないと更新確率が小さくなってしまいます．それと比べ，【一つずつ更新】ではステップ幅を比較的大きく保つことが可能です．また，例えば $S = f(x_1, x_2) + f(x_2, x_3) + \cdots + f(x_{n-1}, x_n)$ のように x_i が隣の変数 x_{i-1}, x_{i+1} としか相互作用していない時などには，x_i を含む項だけ計算すれば x_i が更新できるので，計算量を減らすことが可能です．

どちらのやり方の場合も，変数ごとにステップ幅 c_i を異なる値に取ることが可能です．非常に教育的ですので，そのようにしても詳細釣り合い条件が満たされることを確認してみて下さい．各変数ごとに確率分布の広がりが極端に違う場合には，（例外はあり得ますが，大抵の場合は）分布の幅に比例するように c_i を選ぶと効率が良くなります．分布の幅が予想できない場合には，変数ごとにステップ幅を変えてみて受理確率の変化を調べると良いでしょう．

5.1 多変数のガウス分布

一例として多変数のガウス分布

$$S(x_1, \cdots, x_n) = \frac{1}{2} \sum_{i,j=1}^{n} A_{ij} x_i x_j \qquad (A_{ij} = A_{ji}) \tag{5.1}$$

を考えましょう（基本的な性質については付録 B2 を参照して下さい）.

出発点は簡単な二変数の場合です. $x_1 = x$, $x_2 = y$ と書くことにし, $A_{11} = 1, A_{22} = 1, A_{12} = \frac{1}{2}$ としてみましょう. 作用 $S(x, y)$ は

$$S(x, y) = \frac{x^2 + y^2 + xy}{2} \tag{5.2}$$

となります[*1]. $S(x, y)$ の中にある $\frac{1}{2}xy$ が一つのキモで, この項が x と y の間に相関を生んでいます. 例えば, x が「数学の能力」, y が「野球のうまさ」, と思ってみて下さい. x が大きいほど数学ができる, y が大きいほど野球がうまい, と考えるわけです. 仮に $S(x, y) = \frac{x^2 + y^2}{2}$, $P(x, y) \propto e^{-\frac{x^2 + y^2}{2}}$ だったとすると, x の値が変わっても y の確率は全く影響を受けないので, 数学の得手・不得手と野球がうまいかどうかは全く関係ないということになります. $S(x, y) = \frac{x^2 + y^2 + xy}{2}$, $P(x, y) \propto e^{-\frac{x^2 + y^2 + xy}{2}}$ とすると, 「数学も野球も得意」あるいは「数学も野球も不得意」という確率は下がり, どちらかが得意であればもう一方は不得手である可能性が高くなります. 有限の時間を野球の練習と数学の勉強に割り振らなければなりませんし, 天は二物を与えずとも言いますので, 自然な仮定でしょう.

ではメトロポリス法でシミュレーションコードを作ってみましょう. 二変数くらいなら x と y を同時に更新しても別々に更新しても大差ないので, 【まとめて更新】で行きます. C 言語で書いたコードは以下のようになります:

```
#include <stdio.h>
#include <stdlib.h>
#include <math.h>
```

[*1]　もう少し一般的にして $S(x, y) = \frac{x^2 + y^2 + 2Axy}{2}$ を考えても, $-1 < A < 1$ なら同じ計算が可能です. $A \geq 1$ または $A \leq -1$ とすると確率分布として意味をなさなくなります. 理由を考えてみて下さい.

```
#include <time.h>

int main(void){
  int niter=10000;
  double step_size_x=0.5e0;
  double step_size_y=0.5e0;

  srand((unsigned)time(NULL));

/**************/
/* 初期値を設定 */
/**************/
  double x=0e0;
  double y=0e0;
  int naccept=0;
/****************/
/* ここからが本番 */
/****************/
  for(int iter=1;iter<niter+1;iter++){
    double backup_x=x;
    double backup_y=y;
    double action_init=0.5e0*(x*x+y*y+x*y);

    double dx = (double)rand()/RAND_MAX;
    double dy = (double)rand()/RAND_MAX;
    dx=(dx-0.5e0)*step_size_x*2e0;
    dy=(dy-0.5e0)*step_size_y*2e0;
    x=x+dx;
    y=y+dy;
    double action_fin=0.5e0*(x*x+y*y+x*y);
/******************/
/* メトロポリステスト*/
/******************/
```

```
    double metropolis = (double)rand()/RAND_MAX;
    if(exp(action_init-action_fin) > metropolis){
/* 受理 */
      naccept=naccept+1;
    }else{
/* 棄却 */
      x=backup_x;
      y=backup_y;}
/*************/
/* 結果を出力 */
/*************/
  if(iter%10==0){     // 10 ステップに一回結果を出力
  printf("%.10f    %.10f    %f\n",x,y,(double)naccept/iter);}
  }
}
```

　一変数の時とほとんど同じです．違いは，x に加えて y が入ったことと，$S(x) = \frac{x^2}{2}$ が $S(x,y) = \frac{x^2+y^2+xy}{2}$ に変わったことだけです．これは，変数が何千，何万に増えても，確率分布がどんな複雑な関数になっても，常に同じです．

　変数 x と y に対して別々のステップ幅を用いても良いのですが，今の場合は二つの変数が全く対称な形で入っているので，同じステップ幅を用いるのが自然です．ステップ幅 $c = 0.5$ で 10 ステップに一回 (x, y) を出力し，1000 サンプル（10000 ステップ）を集めた結果が図 5.1 です（今の場合，$x = y = 0$ でウェイトが大きいことを知っているので，熱化するまで待つ手間を省くために初期配位を $x = y = 0$ としました）．斜めに入っている点線は $y = -x$ です．大体この線に沿った分布になっているので，「x が正の大きな値（数学が得意）なら y が負の大きな値（野球が苦手）」，「x が負の大きな値（数学が苦手）なら y が正の大きな値（野球が得意）」という傾向があることが確認できます．一変数の時と同じで，分布の中心（今の場合は $x = y = 0$）から離れるほど密度が低くなっていることがわかります．

　せっかく確率分布を作ったので，これを用いて将来設計をしてみましょう．自分が何に向いているか知らない子供が，物理学者になるべきか野球選手に

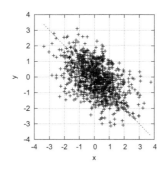

図 5.1　メトロポリス法による 2 変数ガウス分布．x, y 共にステップ幅を 0.5 とし，10 ステップ
　　　ごとに 1000 サンプルを集めた結果．

なるべきかで迷ったとしましょう．どちらの職業を目指すかで将来の収入の
期待値が変わるので，それを職業選択の指標の一つにしようという趣向です．
そのための準備として，数学と野球それぞれの能力（x と y の値）に応じて，
それぞれの職業がどれだけの収入をもたらすかを示す「収入関数」を与える
必要があります．

　まずは物理学者から．物理学者になるには数学ができるに越したことはあ
りませんが，実を言うと数学が苦手でもなんとかなります．そういう意味で
は，数学の能力がさほどなくても物理学者として活躍できる余地が十分にあ
るので，x が小さくても収入は見込めます．その代わり，鬼神のように数学
ができるからと言ってさほど大きな収入に結びつかないのが物理学者という
職業です．野球の能力は物理学者としての収入には全く影響しないでしょう
から，物理学者の収入関数 s_{physics} は数学力 x だけの関数で，例えば次のよ
うな感じと考えて良いでしょう：

$$s_{\mathrm{physics}}(x) = \frac{2 + \tanh x}{3}. \tag{5.3}$$

具体的な形を図 5.2 に描きました．全体的に滑らかな関数になっているのが
特徴です．

　一方，野球選手になるにはよほど野球が上手くなければいけないので，一
定以下の野球のうまさ y ではプロになれないために収入は 0 です．ですが，
プロになって活躍できればかなりの収入が期待できるため，y が一定ライン
を超えると急激に収入が上がります．野球選手としての収入には数学の能力

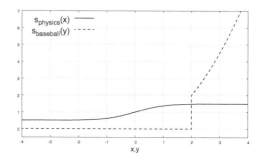

図 5.2　数学の能力 x と収入の関係 $s_{\mathrm{physics}}(x)$（実線），および，野球のうまさ y と収入の関係 $s_{\mathrm{baseball}}(y)$（破線）．

は一切影響しないでしょうから，野球選手の収入関数 s_{baseball} は野球のうまさ y だけの関数で，このようなものと考えてみましょう：

$$s_{\mathrm{baseball}}(y) = \begin{cases} 0 & (y \leq 2) \\ \dfrac{y^2}{2} & (y > 2) \end{cases} \tag{5.4}$$

具体的な形は先ほどと同じく図 5.2 を参照して下さい．$y = 2$ のところに不連続なジャンプがあるのがポイントです．

　物理学者を目指した時の収入の期待値 $\langle s_{\mathrm{physics}}(x) \rangle$ と野球選手を目指した時の収入の期待値 $\langle s_{\mathrm{baseball}}(y) \rangle$ を，確率 $P(x, y)$ に比例するようにメトロポリス法で生成した配位を用いて計算してみましょう．

　まずは $\langle s_{\mathrm{physics}}(x) \rangle$ を見てみましょう．厳密値が $\langle s_{\mathrm{physics}}(x) \rangle = 2/3 = 0.66 \cdots$ であることは解析的に示せます．モンテカルロ法はこの値を再現できるでしょうか？

　ここでは，疑似乱数の初期値を変えて 100 種類のシミュレーションを行い，各サンプル数ごとに得られた 100 個の結果の平均と標準偏差を計算してみました．結果は図 5.3 のようになります．横軸は計算に用いたサンプル数 K で，折れ線は代表的なシミュレーション結果を 4 種類選んで表示したものです．これを見ると，n が大きくなるにつれて期待値が速やかに理論値に収束していることがわかります．これは，関数 $s_{\mathrm{physics}}(x)$ の振る舞いが穏やか（実際，最大でも値が三倍しか違わない）で，全ての配位が同じような寄与をするからです．結果として，全ての配位が無駄なく使われて，統計数がそれ

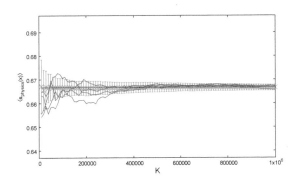

図 5.3　ガウス分布 $e^{-\frac{x^2+y^2+xy}{2}}$ を用いて $s_{\mathrm{physics}}(x)$ の期待値を計算した結果. 横軸は評価に用いたサンプル数. 疑似乱数の初期値を変えたシミュレーションを 100 通り実行して, それぞれのサンプル数ごとの平均と標準偏差をプロットしたもの. 折れ線は代表的な結果を示している. $s_{\mathrm{physics}}(x)$ の期待値が速やかに理論値に収束しているのが見て取れる.

ほど多くなくても概ね正しい結果を得ることができます.

　続いて $\langle s_{\mathrm{baseball}}(y)\rangle$ です. 厳密値は $\langle s_{\mathrm{baseball}}(y)\rangle = 0.1305\cdots$ です. これもまた先ほどの $\langle s_{\mathrm{physics}}(x)\rangle$ と同じようにモンテカルロ法で正しく評価できるでしょうか?

　結果を図 5.4 に示しました. もちろん, 縦軸の縮尺は図 5.3 と同じです. 見ての通り, 図 5.3 の $\langle s_{\mathrm{physics}}(x)\rangle$ とは様子が大きく違います. K がある程度大きくなっても期待値は大きく変動し, 中々正しい値に収束しません. これは, $y > 2$ という極く稀な配位が巨大な寄与をする一方で $y \leq 2$ という大多数の配位の寄与はゼロだからです. つまり, 確率分布 $P(x, y)$ のピークと期待値の計算で重要になる配位がうまく重なっていないのです. このような状況で期待値を計算すると, かなりたくさんの統計を溜めなければ見当外れの答えが得られてしまう危険があります. 今の場合は何も考えずに統計を増やせば精度の高い計算が可能ですが, もっと極端な場合 (例えば $y > 10$ しか効かない場合) や統計を増やすのが難しい場合には何かしら工夫をする必要があります. このような場合の取り扱いについて述べておくことにします.

● 極端な関数の期待値の計算法

　お気づきの方も多いと思いますが, この問題は 4.5 節で説明したオーバー

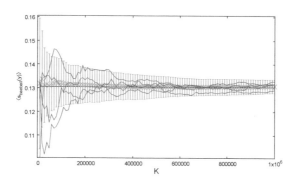

図 5.4　ガウス分布 $e^{-\frac{x^2+y^2+xy}{2}}$ を用いて関数 $s_{\mathrm{baseball}}(y)$ の期待値を計算した結果．図 5.3 と同様，横軸は評価に用いたサンプル数で，疑似乱数の初期値を変えたシミュレーションを 100 通り実行し，それぞれのサンプル数ごとの平均と標準偏差をプロットしている．折れ線は代表的な結果．不連続なジャンプを伴う極端な関数の期待値を評価しているためになかなか理論値に収束せず，十分な量の統計を溜めなければ正しい答えが得られない．

ラップ問題と本質的に同じです．したがって，同じ手法で解決可能です．例えば，元々の作用から y の値を α だけずらした作用を

$$S(x, y; \alpha) = \frac{x^2 + (y - \alpha)^2 + x(y - \alpha)}{2} \tag{5.5}$$

として，

$$Z_\alpha = \int dx \int dy e^{-S(x,y;\alpha)} \tag{5.6}$$

と定義すると，$\langle s_{\mathrm{baseball}}(y) \rangle$ は，$\{\alpha_i\}$ $(i = 1, \cdots, k)$ に対して次のような当たり前の変形をすることができます．

$$\langle s_{\mathrm{baseball}}(y) \rangle = \frac{1}{Z_0} \int dx \int dy s_{\mathrm{baseball}}(y) e^{-S(x,y;0)}$$
$$= \frac{Z_{\alpha_1}}{Z_0} \cdot \frac{Z_{\alpha_2}}{Z_{\alpha_1}} \cdot \frac{Z_{\alpha_3}}{Z_{\alpha_2}} \cdots \frac{Z_{\alpha_k}}{Z_{\alpha_{k-1}}} \cdot \frac{1}{Z_{\alpha_k}} \int dx \int dy s_{\mathrm{baseball}}(y) e^{-S(x,y;0)}. \tag{5.7}$$

ここで一般に，$e^{-S(x,y;\alpha)}$ という確率分布の元で計算された関数 $f(x,y)$ の期待値を，

$$\langle f(x,y) \rangle_\alpha = \frac{1}{Z_\alpha} \int dx \int dy f(x,y) e^{-S(x,y;\alpha)} \tag{5.8}$$

と書くことにしましょう. すると,

$$Z_{\alpha_{i+1}} = \int dx \int dy e^{-S(x,y;\alpha_{i+1})}$$
$$= \int dx \int dy e^{-S(x,y;\alpha_{i+1})+S(x,y;\alpha_i)} e^{-S(x,y;\alpha_i)} \qquad (5.9)$$

なので,

$$\frac{Z_{\alpha_{i+1}}}{Z_{\alpha_i}} = \left\langle e^{-S(x,y;\alpha_{i+1})+S(x,y;\alpha_i)} \right\rangle_{\alpha_i} \equiv \left\langle e^{-\Delta_{i+1,i}} \right\rangle_{\alpha_i} \qquad (5.10)$$

と表せます. ただし, $S(x,y;\alpha_{i+1}) - S(x,y;\alpha_i) = \Delta_{i+1,i}$ と省略して書きました. したがって, (5.7) のように書き直された期待値 $\langle s_{\text{baseball}}(y) \rangle$ は, $e^{-S(x,y;\alpha_i)}$ $(i = 0, \cdots, k)$ という異なる確率分布の元で計算された期待値の積として,

$$\langle s_{\text{baseball}}(y) \rangle$$
$$= \left\langle e^{-\Delta_{1,0}} \right\rangle_{\alpha_0} \left\langle e^{-\Delta_{2,1}} \right\rangle_{\alpha_1} \cdots \left\langle e^{-\Delta_{k,k-1}} \right\rangle_{\alpha_{k-1}} \left\langle e^{-\Delta_{0,k}} s_{\text{baseball}}(y) \right\rangle_{\alpha_k}$$
$$(5.11)$$

のように表せます (ただし, $\alpha_0 = 0$ としました). この変形のポイントは, $\{\alpha_1, \cdots, \alpha_k\}$ を適切に選ぶことで, (5.11) に登場するそれぞれの期待値の計算に現れる確率分布のピークと計算で重要になる配位があまりずれないようにできることです. 具体的には α_i と α_{i+1} の値を十分近く取っておけば $\left\langle e^{-\Delta_{i+1,i}} \right\rangle_{\alpha_i}$ の計算が効率よく行えることはすぐにわかります. $\left\langle e^{-\Delta_{0,k}} s_{\text{baseball}}(y) \right\rangle_{\alpha_k}$ の計算を効率よく行うには, α_k を 2 か 3 あたりに取れば良いでしょう.

　図 5.5 がその結果です. ただし, $k = 2$, $\alpha_1 = 1.5$, $\alpha_2 = 3$ としました. たった 3 分割 ($i = 0, 1, 2$) しただけですが, 図 5.4 とは打って変わって速やかに理論値に収束していることがわかります. 期待値の計算で重要になる配位が確率分布のピークとうまく重なった証拠です. 泥臭いやり方ではありますが, マルコフ連鎖モンテカルロ法を使っている段階で美しい解決法は放棄して実用に徹しているわけですから, 徹底的に泥臭く行くのが吉です.

　ようやく人生設計ができました. 物理学者の道を選んだ時の収入の期待値は約 0.667, 野球選手の道を選んだ時の収入の期待値は約 0.131 です. 能力が未知数で, 今回用いた確率分布と収入関数が妥当で, 人生において収入が

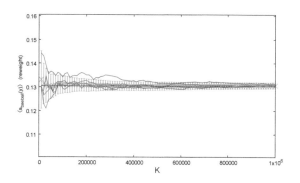

図 5.5　関数 $s_{\mathrm{baseball}}(y)$ の期待値を (5.11) に基づいて計算した結果. ただし, $k = 2$, $\alpha_2 = 3$ とした. 期待通り, 今回は速やかに理論値に収束している.

大切であると仮定するなら, 野球選手よりも物理学者の道を選ぶべきなのです. もっとも, 本気で収入にこだわるのであれば, 物理学者よりも有利な職業はいくらでもあることをお忘れなく.

● **変数の数が多い場合**

　もっと変数が多い場合, 例えば $n = 100$ の場合でもやることは同じです. ただし, この場合は x_1 から x_n のどれか一変数ずつを変化させるのが得策でしょう. そうしないと, ステップ幅を小さくしない限り更新が受理されなくなってしまうからです.

　x_a を $x_a + \Delta x_a$ と変化させた時の $S(x_1, \cdots, x_n) = \frac{1}{2} \sum_{i,j=1}^{n} A_{ij} x_i x_j$ の変化量を計算するには, x_a を含む部分である

$$\frac{1}{2} A_{aa} x_a x_a + \sum_{i \neq a} A_{ia} x_i x_a \tag{5.12}$$

だけ計算すれば十分です. 全ての項を計算するには $\frac{n(n+1)}{2}$ 個の項の和を取る必要がありますが ($i = j$ が n 通り, $i < j$ が $\frac{n(n-1)}{2}$ 通り. $A_{ij} = A_{ji}$ なので $i > j$ は別途計算する必要なし), x_a を含む項だけであれば n 個の項の和で良いので, 計算量が大幅に節約できます.

練習問題

5.1 【一つずつ更新】でも【まとめて更新】でも問題ないことを示して下さい.

5.2 変数ごとにステップ幅 c_i を異なる値に取って良いことを示して下さい.

解答例

5.1 まず,【まとめて更新】の場合は一変数の場合と全く同様にしてマルコフ連鎖であること, 既約性, 非周期性, 詳細釣り合いが証明できます.

【ひとつずつ更新】の場合は問題 4.2 に類似しています. 問題 4.2 では 2 種類の遷移確率がありましたが, 今は n 種類です. ステップ数 k を n で割った余りが j の時には j 番目の変数 x_j を更新することにしましょう. すると, $x^{(k+1)}$ は j と $x^{(k)}$ だけから決まるので, マルコフ連鎖です. 既約性と詳細釣り合いは一変数の場合と同様にして示すことができます. また, 問題 4.2 の時と同じく, $j = 0 \to j = 1 \to \cdots \to j = n-1 \to j = 0$ の n ステップをまとめて 1 ステップと思い直せば非周期性も成り立ちます. 問題 4.2 の時と同じ意味で詳細釣り合いは成り立っていませんが, 詳細釣り合いは十分条件に過ぎなかったことに注意し, 問題 4.2 の時と同じような議論をすれば, 求めたい分布に収束することが分かります.

少しやり方を変えて確率 $\frac{1}{n}$ ずつで $x_1, \cdots, x_n$ のうちの一つを無作為に選んで更新することにすると, 詳細釣り合いも含めて全ての条件が成り立ちます.

5.2 問題 4.1 で見たように, Δx と $-\Delta x$ が同じ確率で現れさえすれば問題ありません. ステップ幅 c_i を変数ごとに異なる値に取っても, この条件は自明に満たされています.

Chapter 6

よく使うアルゴリズムと
その使用例

　4 章と 5 章ではメトロポリス法を解説しました．この章ではメトロポリス法以外のアルゴリズムをいくつか紹介します．一見すると難しいことをしているように見えますが，要は

　　　自己相関を減らして効率よく配位を生成するにはどうしたら良いか

という問題を様々な手法を駆使して解決しているだけです．**技術的な詳細以外は全てメトロポリス法と同じです**．もちろん，技術的な詳細の積み重ねでメトロポリス法では手が出ない大変な問題も解けるようになるので，細かい技術を軽視してはなりませんが，メトロポリス法の基本さえ押さえていれば，各々の技術の本質が見通し良く理解できるようになります．

6.1　HMC 法

　この節では HMC 法（Hybrid Monte Calro 法，あるいは Hamiltonian Monte Calro 法）[8] を解説します．
　積分に大きな寄与をするのは作用 $S(x)$ が小さな領域でした．ここで，$S(x)$ を標高とみなすと，

$$重要な配位 = 谷底$$

と思えます．大雑把なイメージとしては，マルコフ連鎖モンテカルロ法というのはボールをランダムな方向へ向けて叩きながら転がしていくようなもので，山の上に向けてボールを転がそうとしてもほとんど動かせないので，ほとんどの時間は谷底付近を転がっていくようになるわけです．したがって，より効率よく積分をしたければ，山を登る方向に叩くことはできるだけ避けて，可能な限り谷底に沿って押していくようにするべきです．

　このような言い方をすると三次元の地図を連想するかも知れません
が，そのイメージが正しいのは変数が二つの時だけ．多変数の場合には，
$x_1, x_2, x_3, \cdots$ というたくさんの変数でラベルされた高次元空間の地図をイ
メージする必要があります．このような高次元空間の地図では，谷底に沿っ
て動くような方向というのは非常に限られていて，メトロポリス法のように
完全にランダムにボールを叩くと，ほぼ100%の確率で急坂を登ろうとする
ことになってしまいます（図6.1の左側）．そのため，ステップ幅を非常に小
さく取らなければ更新確率が上がりませんし，ステップ幅を下げて更新確率
を上げたところで，谷底に沿って動いてくれることはまずありません．結果
として，自己相関がとても長くなってしまいます．

　HMC 法は，この問題を避けて効率的に谷底を動き回れるように工夫され
たアルゴリズムです．名前の由来は，メトロポリス法と分子動力学法という
二つの異なる手法を組み合わせた「ハイブリッド (Hybrid)」なモンテカル
ロ法 (MC) だという意味です．また，物理学におけるハミルトンの運動方
程式とそれに現れるハミルトニアンという量の類似物を使うという意味で
Hamiltonian Monte Carlo とも呼ばれます．頭文字を取るとどちらの場合
も同じ HMC となります．

　現実の世界では，斜面を登る向きにボールを転がしても，しばらくすると
重力の効果で落ちてきます．HMC にはこの性質が活用されています．文字
通り「作用 S が大きい ＝ 標高が高い」という同一視をし，物理学の基本的

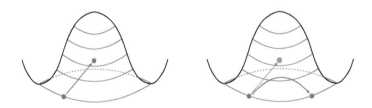

図 6.1　メトロポリス法と HMC 法の違いの概念図．高さが $S(\{x\})$ を表す．[左] メトロポリス
　　　法では山を登る方向に動かしたら高確率で棄却されてしまう．[右]HMC では，山を登る
　　　方向に叩いてしまっても，自然に谷の底の近くに戻ってくる．

な方程式を真似ることで，山を登る方向に叩いてしまったとしても自然に押し戻されるメカニズムを組み込んでいるのです[*1]（図 6.1 の右側）．

HMC 法では配位 $\{x^{(k)}\}$ $(k = 0, 1, 2, \cdots)$ を以下のようにして生成します．まず，$\{x^{(0)}\}$ はどのように選んでも構いません．$\{x^{(k)}\}$ から $\{x^{(k+1)}\}$ を作るには次のようにします：

HMC 法

1. $x_i^{(k)}$ の「共役運動量」$p_i^{(k)}$ をガウス関数の重み $\frac{1}{\sqrt{2\pi}} e^{-(p_i^{(k)})^2/2}$ でランダムに生成する（ガウス乱数を生成するにはボックス・ミュラー法（2.4.1 節）が便利です）．

2. 「初期時刻 $\tau = 0$ でのハミルトニアン」$H_{\text{init}} = S(\{x^{(k)}\}) + \frac{1}{2}\sum_i (p_i^{(k)})^2$ を計算する（この「時刻」は実際の時間とは関係がない仮想的な「時刻」で，計算の便宜上導入しただけであることに注意して下さい）．

3. 分子軌道法：以下で説明する「リープフロッグ法」を用いて，τ に沿って「時間発展」をさせる．初期条件は $x_i^{(k)}(\tau = 0) = x_i^{(k)}$，$p_i^{(k)}(\tau = 0) = p_i^{(k)}$ とし，終時刻 $\tau = \tau_{\text{fin}}$ での「終状態」$x_i^{(k)}(\tau_{\text{fin}})$，$p_i^{(k)}(\tau_{\text{fin}})$ を計算する．

4. 「終状態でのハミルトニアン」$H_{\text{fin}} = S(\{x^{(k)}(\tau_{\text{fin}})\}) + \frac{1}{2}\sum_i (p_i^{(k)}(\tau_{\text{fin}}))^2$ を計算する．

5. メトロポリステスト：0 と 1 の間の一様乱数 r を生成し，$r < e^{H_{\text{init}} - H_{\text{fin}}}$ なら $x_i^{(k)}(\tau_{\text{fin}})$ を新しい配位として採用（$x_i^{(k+1)} = x_i^{(k)}(\tau_{\text{fin}})$），それ以外は棄却（$x_i^{(k+1)} = x_i^{(k)}(0)$）．

6.1.1　物理の直観に基づく理解

HMC 法の細かい解説の前に，このアルゴリズムの「心」を理解することから始めましょう．一見すると，HMC 法は何やら無駄に複雑なことをしているように思えます．一体なぜこのようなことをしているのでしょうか．そ

[*1]　HMC 法は物理学者によって開発されました．物理学者は，抽象的な数学の問題に取り組む時にも，物理的なイメージを思い浮かべながら解法を探すことが多いのです．

の鍵は**運動方程式（ハミルトン方程式）**と**エネルギー保存則**にあります.

　配位の更新がメトロポリス法の時と同じようにランダムになっていることは, 運動量 p_i をランダムに選んでいることからわかります. 単純に作用の変化を比べたとしたら, メトロポリス法と同様に大きく変化するかもしれません. しかし, HMC 法では作用ではなくてハミルトニアンの変化を用いてメトロポリステストをします（そうして良い理由はすぐ後で説明しますので, とりあえずこのことを認めて進んで下さい）. したがって, ハミルトニアンの変化が小さくできれば更新確率を大きくできます.

　すぐ後で説明しますが, リープフロッグ法を用いた時間発展は古典力学の時間発展を離散的に近似したものになっています. さらに, 実はハミルトニアンというのはエネルギーと同じものであり, 古典力学の法則に従う限り値が変わりません. そのため, 近似の精度を上げて, $\tau_{\mathrm{fin}} = N_\tau \Delta\tau$ を固定しながら N_τ を無限大にすると, エネルギー保存（ハミルトニアン保存）が厳密に成り立つようになり, 変化量 $H_{\mathrm{fin}} - H_{\mathrm{init}}$ がゼロになります. この場合, 配位は 100% の確率で更新されます.

　HMC 法では, 運動量（〜ボールを転がす方向と速さ）をランダムに選んで, そのあとは運動方程式に従って時間発展させます. 長い時間が経てばより遠くに行く, すなわち配位の変化が大きくなるのは直観的に明らかでしょう. マルコフ連鎖モンテカルロ法では, 互いに相関のない配位をどれだけたくさん集められるかが鍵になるので, 原則として, $\tau_{\mathrm{fin}} = N_\tau \Delta\tau$ を大きくして配位を大きく変化させたいところです. この時, N_τ を十分に大きくしておけばハミルトニアンの変化を小さくできるので, 更新確率を下げずにサンプリングができます. 一方で, 計算量は N_τ とともに増加するので, 極端に N_τ を大きくしてしまうと自分の一生の間に計算が終わらないという事態になります. そこで実際のシミュレーションでは, 自己相関の長さを測定するなどして計算効率を評価し, 程々の大きさの N_τ と $\Delta\tau$ を選ぶ必要があります.

　ところで, ハミルトニアンには作用だけでなく運動項 $\frac{1}{2}\sum_i p_i^2$ が含まれています. 古典的な運動では, 確かにハミルトニアンは変化しませんが, 逆に言うなら, 運動項が大きく変わると作用の値も大きく変わってしまいます. だとすると「谷底を動き回る」というアイデアを実現できていないのではないか, と思われるかもしれません. しかし実はこのアルゴリズムには, $\tau_{\mathrm{fin}} = N_\tau \Delta\tau$ が大きくなって配位の変化が大きくなったとしても作用の変化

はそれほど大きくならないように巧妙な仕掛けが仕組まれているのです. 物理に詳しい方なら, $H = S + \frac{1}{2}\sum_i p_i^2$ を見れば, $\frac{1}{2}\sum_i p_i^2$ は運動エネルギー, S はポテンシャルエネルギー (位置エネルギー) に対応していることに気づかれるでしょう. 重力をイメージしてもらえば,

作用 S が大きい ＝ ポテンシャルエネルギーが大きい $\simeq$ 標高が高い

という対応が読み取れます. ハミルトン方程式に従う時間発展は, このような古典力学系の時間発展に他なりません. ボールを斜面の上に向けて転がしても, いつまでも上がり続けることはなく, 谷底からある程度の高さまでの間を動き回るだけです. このことは運動方程式を知らなくても日常的な経験から理解できると思います. これと同じで, 古典力学系の時間発展を採用している以上, 仮に坂道を登るような方向に配位が変化したとしても, その配位はすぐに谷底に戻ってきます. 結果, 余程おかしな状況設定をしない限り, 配位はポテンシャルの底付近を行ったり来たりするだけです. $\tau_{\mathrm{fin}} = N_\tau \Delta\tau$ を大きく取ることで谷に沿った方向に大きく動かすことはできても, 山を登り過ぎることはうまく避けられるのです. もくろみ通り, 谷底周りの配位を効率的に集めることができるわけです.

6.1.2　リープフロッグ法

離散化する前のハミルトン方程式は

$$\frac{dp_i}{d\tau} = -\frac{\partial H}{\partial x_i} = -\frac{\partial S}{\partial x_i}, \qquad \frac{dx_i}{d\tau} = \frac{\partial H}{\partial p_i} = p_i \tag{6.1}$$

です. 繰り返しになりますが, 大学で物理を勉強したことがある方なら, これは τ を時間, S をポテンシャルエネルギーと思った時の物理系の時間発展を司る運動方程式だとご存知かと思います. 知らなくても別に困りませんのでご心配なく. 参考までに, 付録 C でハミルトン方程式の基本的なポイントを説明しています. HMC アルゴリズムを使いこなすために唯一必要なのはエネルギー保存則, すなわち H の値が τ に依らないことだけです. これは, 無限小の時間発展 $\tau \to \tau + \Delta\tau$ での H の変化が

$$\Delta H = \sum_i \left(\frac{\partial H}{\partial x_i}\Delta x_i + \frac{\partial H}{\partial p_i}\Delta p_i \right)$$

$$= \sum_i \left(\frac{\partial H}{\partial x_i}\frac{dx_i}{d\tau}\Delta\tau + \frac{\partial H}{\partial p_i}\frac{dp_i}{d\tau}\Delta\tau \right)$$

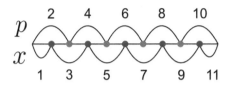

図 6.2　$N_\tau = 5$ のリープフロッグ法. x と p の時間発展が半歩ずれているのがポイント.

$$= \sum_i \left(\frac{\partial H}{\partial x_i} \frac{\partial H}{\partial p_i} \Delta\tau - \frac{\partial H}{\partial p_i} \frac{\partial H}{\partial x_i} \Delta\tau \right)$$
$$= 0 \tag{6.2}$$

であることからわかります.

　リープフロッグ法は，ハミルトン方程式に従う時間発展を以下のように離散化して得られます. 操作の順番と，最初と最後に出てくる 1/2 という因子に注意して下さい. これらは時間発展の可逆性と詳細釣り合い条件が満たされるために非常に重要です.

リープフロッグ法

1. 導入
$$x_i(\Delta\tau/2) = x_i(0) + p_i(0) \cdot \frac{\Delta\tau}{2}$$
2. メイン；$n = 1, 2, \cdots, N_\tau - 1$ について以下を繰り返す:
$$p_i(n\Delta\tau) = p_i((n-1)\Delta\tau) - \frac{\partial S}{\partial x_i}((n-1/2)\Delta\tau) \cdot \Delta\tau$$
$$x_i((n+1/2)\Delta\tau) = x_i((n-1/2)\Delta\tau) + p_i(n\Delta\tau) \cdot \Delta\tau$$
3. 終了
$$p_i(N_\tau\Delta\tau) = p_i((N_\tau - 1)\Delta\tau) - \frac{\partial S}{\partial x_i}((N_\tau - 1/2)\Delta\tau) \cdot \Delta\tau$$
$$x_i(N_\tau\Delta\tau) = x_i((N_\tau - 1/2)\Delta\tau) + p_i(N_\tau\Delta\tau) \cdot \frac{\Delta\tau}{2}$$

　図 6.2 に $N_\tau = 5$ の場合を図示しました. 全部で $2N_\tau + 1 = 11$ ステップの微小時間発展を行います. $N_\tau \cdot \Delta\tau$ を固定して N_τ を大きくしていくと，$H_{\mathrm{fin}} - H_{\mathrm{init}}$ は N_τ^{-2} に比例して小さくなっていきます. リープフロッグ法よりも複雑な方法を用いれば，$H_{\mathrm{fin}} - H_{\mathrm{init}}$ をより小さくすることも可能です.

　リープフロッグを直訳すると「カエル跳び」です．筆者は 10 年以上にわたってカエル跳びみたいだからリープフロッグと呼ぶのだと思っていましたが，よくよく考えてみると，日本語でカエル跳びと言った時にイメージする跳び方は図 6.2 とは全く異なります．むしろ，このすぐ後で説明のために用いる間違った例 (6.3), (6.4) のような跳び方です．また，本物のカエルがこのような跳び方をするとも思えません．むしろ，間違った例のように，一気にジャンプします．本書を執筆するにあたって調べてみたところ，英語のリープフロッグは日本で言うところの馬跳びに相当することがわかりました[*2]．すなわち，最初は x さんが p さんを跳び越え，次に p さんが x さんを跳び越え，その次はまた x さんが p さんを跳び越え，....，と交互に繰り返すという意味です．

● リープフロッグ法の可逆性

　リープフロッグ法では，x と p の時間発展が半歩ずれている（馬跳びをしている）ことがとても重要です．なぜなら，半歩ずらして始めて時間発展の可逆性が保証されるからです．後で示しますが，時間発展の可逆性は HMC 法が詳細釣り合い条件を満たすために必須なのです．可逆性と半歩ずらしの関係性を理解するために，半歩ずらさないで時間発展させたら何が起こるかを見てみましょう．

　半歩ずらしを行わず，n ステップ目を

$$x_i((n-1)\Delta\tau)$$
$$\rightarrow x_i(n\Delta\tau) = x_i((n-1)\Delta\tau) + p_i((n-1)\Delta\tau) \cdot \Delta\tau, \tag{6.3}$$
$$p_i((n-1)\Delta\tau)$$
$$\rightarrow p_i(n\Delta\tau) = p_i((n-1)\Delta\tau) - \frac{\partial S}{\partial x_i}((n-1)\Delta\tau) \cdot \Delta\tau \tag{6.4}$$

と定義してみましょう．これを繰り返すと，

$$\{x_i(0), p_i(0)\} \rightarrow \{x_i(\Delta t), p_i(\Delta t)\} \rightarrow \cdots$$
$$\rightarrow \{x_i(N_\tau\Delta\tau), p_i(N_\tau\Delta\tau)\} \tag{6.5}$$

という時間発展が定義できます．特に，最後のステップは

[*2]　少なくとも 1980 年代から 1990 年代にかけての南関東では馬跳びとカエル跳びは別物でしたが，日本でも地域や時代によっては，馬跳びと同じ意味でカエル跳びと言うこともあるかもしれません．

$$x_i((N_\tau - 1)\Delta\tau)$$
$$\rightarrow x_i(N_\tau\Delta\tau) = x_i((N_\tau - 1)\Delta\tau) + p_i((N_\tau - 1)\Delta\tau) \cdot \Delta\tau, \quad (6.6)$$
$$p_i((N_\tau - 1)\Delta\tau)$$
$$\rightarrow p_i(N_\tau\Delta\tau) = p_i((N_\tau - 1)\Delta\tau) - \frac{\partial S}{\partial x_i}((N_\tau - 1)\Delta\tau) \cdot \Delta\tau \quad (6.7)$$

なので,

$$x_i((N_\tau - 1)\Delta\tau) = x_i(N_\tau\Delta\tau) - p_i((N_\tau - 1)\Delta\tau) \cdot \Delta\tau, \quad (6.8)$$
$$p_i((N_\tau - 1)\Delta\tau) = p_i(N_\tau\Delta\tau) + \frac{\partial S}{\partial x_i}((N_\tau - 1)\Delta\tau) \cdot \Delta\tau \quad (6.9)$$

となります.

時間を逆回しにしてみましょう. $\{x_i'(0), p_i'(0)\} \equiv \{x_i(N_\tau\Delta\tau), -p_i(N_\tau\Delta\tau)\}$ から出発します. 初めのステップは

$$x_i'(0) \rightarrow x_i'(\Delta\tau) = x_i'(0) + p_i'(0) \cdot \Delta\tau$$
$$= x_i(N_\tau\Delta\tau) - p_i(N_\tau\Delta\tau) \cdot \Delta\tau, \quad (6.10)$$
$$p_i'(0) \rightarrow p_i'(\Delta\tau) = p_i'(0) - \frac{\partial S}{\partial x_i'}(0) \cdot \Delta\tau$$
$$= -p_i(N_\tau\Delta\tau) - \frac{\partial S}{\partial x_i}(N_\tau\Delta\tau) \cdot \Delta\tau \quad (6.11)$$

となります. これを (6.8), (6.9) と比較すると, 一般には

$$x_i'(\Delta\tau) \neq x_i((N_\tau - 1)\Delta\tau), \quad p_i'(\Delta\tau) \neq -p_i((N_\tau - 1)\Delta\tau) \quad (6.12)$$

です. なぜなら, 一般には

$$p_i(N_\tau\Delta\tau) \neq p_i((N_\tau - 1)\Delta\tau), \quad (6.13)$$
$$\frac{\partial S}{\partial x_i}(N_\tau\Delta\tau) \neq \frac{\partial S}{\partial x_i}((N_\tau - 1)\Delta\tau) \quad (6.14)$$

だからです. したがって, (6.3), (6.4) のような素朴な離散化をしてしまうと可逆性が壊れてしまうことがわかります.

6.1.3 節で HMC が詳細釣り合い条件を満たしていることを示しますが, 先ほど述べたように, そこでは時間発展の可逆性を重要な仮定として用います. そのため, (6.4) のような可逆でない離散化をしてしまうと詳細釣り合

い条件が壊れてしまいます.

リープフロッグ法では時間発展の可逆性が保たれていることは,一つ一つステップを踏めば簡単にわかります.最後の数ステップを書き出してみましょう:

$$x_i\left(\left(N_\tau - \frac{1}{2}\right)\Delta\tau\right) = x_i\left(\left(N_\tau - \frac{3}{2}\right)\Delta\tau\right) + p_i((N_\tau-1)\Delta\tau)\cdot\Delta\tau,$$

$$p_i(N_\tau\Delta\tau) = p_i((N_\tau-1)\Delta\tau) - \frac{\partial S}{\partial x_i}\left((N_\tau-1/2)\,\Delta\tau\right)\cdot\Delta\tau,$$

$$x_i(N_\tau\Delta\tau) = x_i\left(\left(N_\tau - \frac{1}{2}\right)\Delta\tau\right) + p_i(N_\tau\Delta\tau)\cdot\frac{\Delta\tau}{2} \tag{6.15}$$

これを変形すると

$$x_i\left(\left(N_\tau - \frac{1}{2}\right)\Delta\tau\right) = x_i(N_\tau\Delta\tau) - p_i(N_\tau\Delta\tau)\cdot\frac{\Delta\tau}{2}, \tag{6.16}$$

$$p_i((N_\tau-1)\Delta\tau) = p_i(N_\tau\Delta\tau) + \frac{\partial S}{\partial x_i}\left(\left(N_\tau - \frac{1}{2}\right)\Delta\tau\right)\cdot\Delta\tau, \tag{6.17}$$

$$x_i\left(\left(N_\tau - \frac{3}{2}\right)\Delta\tau\right) = x_i\left(\left(N_\tau - \frac{1}{2}\right)\Delta\tau\right) - p_i((N_\tau-1)\Delta\tau)\cdot\Delta\tau \tag{6.18}$$

となります.これが $\{x_i'(0), p_i'(0)\} \equiv \{x_i(N_\tau\Delta\tau), -p_i(N_\tau\Delta\tau)\}$ からスタートした時間逆回しバージョンと一致することを確認します.まず1ステップ目は

$$\begin{aligned}
x_i'\left(\frac{1}{2}\Delta\tau\right) &= x'(0) + p_i'(0)\cdot\frac{\Delta\tau}{2}\\
&= x_i(N_\tau\Delta\tau) - p_i(N_\tau\Delta\tau)\cdot\frac{\Delta\tau}{2}\\
&= x_i\left(\left(N_\tau - \frac{1}{2}\right)\Delta\tau\right)
\end{aligned} \tag{6.19}$$

です.最後の式変形で (6.16) を用いました.うまく行っていますね.2ステップ目は

$$p_i'(\Delta\tau) = p_i'(0) - \frac{\partial S}{\partial x_i'}\left(\frac{1}{2}\Delta\tau\right)\cdot\Delta\tau$$

$$= -p_i(N_\tau \Delta\tau) - \frac{\partial S}{\partial x_i}\left(\left(N_\tau - \frac{1}{2}\right)\Delta\tau\right) \cdot \Delta\tau$$

$$= -p_i((N_\tau - 1)\Delta\tau) \tag{6.20}$$

となります. 最後の式変形で (6.17) を用いました. これもうまく行っています. 以下同様の繰り返しで, $\{x_i'(N_\tau\Delta\tau), p_i'(N_\tau\Delta\tau)\} = \{x_i(0), -p_i(0)\}$ まで逆戻しできます.

上の例では, x を半歩進めることにしました. x と p の順番を入れ替えて p を半歩進めることにしても, 可逆性は成り立ち, HMC は問題なく機能します. 物理の大規模なシミュレーションでは計算時間のほとんどが $\frac{\partial S}{\partial x}$ の計算に費やされるのですが, x を半歩進めると $\frac{\partial S}{\partial x}$ の計算が一回少なくて済むので, x を半歩進めた方が (少しだけですが) お得です.

6.1.3 マルコフ連鎖モンテカルロ法の条件を満たしていることの確認

詳細釣り合い条件 $e^{-S(x)}T(\{x\} \to \{x'\}) = e^{-S(x')}T(\{x'\} \to \{x\})$ が成り立っていることを示すにはいくつかのステップを経る必要がありますが, 順を追っていけば難しくありません.

- まず始めに, リープフロッグ法を用いた時間発展が可逆である (時間を巻き戻せる) ことに注意します. すなわち, 初期配位を $x^{(k)}(\tau_{\text{fin}})$, 初期運動量を $-p^{(k)}(\tau_{\text{fin}})$ として時間発展をさせると, 終状態として $x^{(k)}(\tau = 0)$ と $-p^{(k)}(\tau = 0)$ が得られます.

- 運動量も含めた時間発展を $\{x, p\} \to \{x', p'\}$ とします. p が選ばれる確率は $\prod_i \left(\frac{e^{-p_i^2/2}}{\sqrt{2\pi}}\right)$ です. これに更新確率 $\min(1, e^{H-H'})$ を掛けると遷移確率が得られます.

- 逆向きのプロセス $\{x', -p'\} \to \{x, -p\}$ を考えましょう. $-p'$ が選ばれる確率は $\prod_i \left(\frac{e^{-p_i'^2/2}}{\sqrt{2\pi}}\right)$ です. これに更新確率 $\min(1, e^{H'-H})$ を掛けると遷移確率が得られます.

- 始状態のハミルトニアン H は終状態のハミルトニアン H' より大きいと仮定してみましょう. この時, 更新確率は $\min(1, e^{H-H'}) = 1$, $\min(1, e^{H'-H}) = e^{H'-H}$ です. したがって, 遷移確率は

$$T(\{x\} \to \{x'\}) = \prod_i \left(\frac{e^{-p_i^2/2}}{\sqrt{2\pi}}\right) \tag{6.21}$$

および

$$
T(\{x'\} \to \{x\}) = \prod_i \left(\frac{e^{-p_i'^2/2}}{\sqrt{2\pi}} \right) e^{-S(x)-\sum_i p_i^2/2+S(x')+\sum_i p_i'^2/2}
$$
$$
= e^{-S(x)+S(x')} \prod_i \left(\frac{e^{-p_i^2/2}}{\sqrt{2\pi}} \right) \tag{6.22}
$$

です. したがって,

$$
e^{-S(x)} T(\{x\} \to \{x'\}) = e^{-S(x')} T(\{x'\} \to \{x\})
$$
$$
= e^{-S(x)} \prod_i \left(\frac{e^{-p_i^2/2}}{\sqrt{2\pi}} \right) \tag{6.23}
$$

となります. これで詳細釣り合い条件が示せました.

- $H < H'$ の場合もほとんど同じ計算で詳細釣り合い条件が示せます.

上の証明では, ヤコビアンが1であることを暗黙のうちに用いています (問題 4.7 参照). リープフロッグ法でヤコビアンが1であることは少し計算すれば分かりますので, 確認してみてください (問題 6.5). 他の条件が満たされていることも確認しておきましょう:

- マルコフ連鎖であること (次の配位が過去の履歴に依らずに決まること) は, 運動量 p_i を各ステップごとにランダムに選んでいることの帰結です.
- 既約性が成り立つかどうかは確率分布の詳細や変数の走る範囲に依存します. メトロポリス法の場合もそうでした. 確率分布が複数の島にわかれている時などは注意して下さい.

　HMC はだいたいキャッチボールのようなイメージです. 運動量 p はどの方向にどのくらいの勢いでボールを投げるかを表します. ボールに働く力は作用 $S(\{x\})$ から決まります. 重力などをイメージすると良いでしょう. 図 6.3 の左の絵で点 A から点 D に行きたい (ボールを渡したい) としましょう. 議論を簡単にするために, $S(\{x\})$ から決まる力はさほど強くなく, ボールはほぼまっすぐ飛ぶものと仮定しましょう. この場合, 点 A から点 D に直接ボールを送るのは無理ですが, 途中はずっと繋がっているので, 間の点 B, 点 C を経由すれば何の問題もありません.

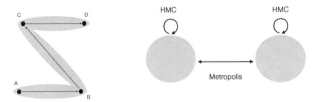

図 6.3 既約性が成り立つか否か. [左] 複数の島に分かれていなければ, 有限ステップで二点間を行き来できる. [右] 複数の島に分かれてしまうと, 異なる島の間は行き来できないので, 既約でない. メトロポリス法と組み合わせるなど, 何らかの工夫が必要.

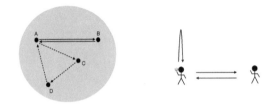

図 6.4 非周期性: 病的な例でない限り, 周期の最大公約数は 1 になる.

　ところが, HMC では x は連続的に変化するので[*3], 図 6.3 の右の絵のように二つの島に別れてしまっている場合にはうまく行きません. この場合は, ステップ幅の大きなメトロポリスと組み合わせるなどの工夫が必要になります. そのようなケースに出会った時は図 4.12 付近の解説と 6.4 節を参考にして下さい.

● 非周期性: ボールがまっすぐ飛ぶ場合には, 図 6.4 の左の絵のように, $A \to B \to A, A \to C \to D \to A$ といった感じで様々なステップ数で元の点に戻ることができます. 力の働き方によっては, 図 6.4 の右の絵のように, 上に向けてボールを投げて 1 ステップで自分のところに戻ってくるようにすることもできます. もちろん, 文字通りのキャッチボールで 2 ステップで戻ってくることもできます. 病的な例を作らない限りは, 周期の最大公約数は 1 になるでしょう[*4].

[*3] リープフロッグ法で差分化すると離散的に変化しますが, ほとんど連続的に変化する極限を取ることでハミルトニアンの変化を小さくすることが HMC 法の肝でした.

[*4] 「病的な例」には $S(x) = x^2, \Delta\tau = 1, x(0) = 0$ があります. この場合にリープフロッグを追いかけてみると, $p(0)$ がどんな値を持っていたとしても, $x(\frac{1}{2}\Delta\tau) = \frac{1}{2}p(0), p(\Delta\tau) = 0,$ $x(\frac{3}{2}\Delta\tau) = \frac{1}{2}p(0), p(2\Delta\tau) = -p(0), x(\frac{5}{2}\Delta\tau) = -\frac{1}{2}p(0), p(3\Delta\tau) = 0,....$ という規則的な振動をしてしまいます.

6.1.4 一変数の HMC

新しいアルゴリズムなので，最もシンプルな例として一変数のガウス積分を考えましょう（HMC法そのものにガウス乱数を使うので，これはとても馬鹿らしい例ではあるのですが，アイデアの本質を理解するには良い例です）．C++で書いたサンプルコードを見てみましょう：

```cpp
#include <iostream>
#include <cmath>
#include<fstream>
const int niter=10000;     //サンプル数を指定
const int ntau=40;      //リープフロッグのステップ数
const double dtau=1e0;      //リープフロッグのステップ幅
/*****************************************/
/*** ボックス・ミュラー法でガウス乱数を作る ***/
/*****************************************/
int BoxMuller(double& p, double& q){

  double pi=2e0*asin(1e0);
//0と1の間の一様乱数r,sを生成
  double r = (double)rand()/RAND_MAX;
  double s = (double)rand()/RAND_MAX;
//ガウス乱数p,qを生成
  p=sqrt(-2e0*log(r))*sin(2e0*pi*s);
  q=sqrt(-2e0*log(r))*cos(2e0*pi*s);

  return 0;
}
/*********************/
/*** 作用 S[x] の計算 ***/
/*********************/
// ここを書き変えたら "calc_delh"も書き変える
double calc_action(const double x){
```

```
   double action=0.5e0*x*x;

   return action;
}
/********************************/
/*** ハミルトニアン H[x,p] の計算 ***/
/********************************/
double calc_hamiltonian(const double x,const double p){

   double ham=calc_action(x);
//↑作用（ポテンシャルエネルギー）を計算
   ham=ham+0.5e0*p*p;      //運動エネルギーを足す

   return ham;
}
/*******************/
/*** dH/dx の計算 ***/
/*******************/
//ハミルトニアンの x 微分．作用の x 微分と等価
// "calc_action"を書き変えたら，ここも書き変える
double calc_delh(const double x){

   double delh=x;

   return delh;
}
/*****************************/
/*** 分子軌道法による時間発展 ***/
/*****************************/
//リープフロッグで時間発展させる
int Molecular_Dynamics(double& x,double& ham_init,double& ham_fin){
   double r1,r2;
   BoxMuller(r1,r2);
```

```
  double p=r1;      //運動量 p をガウス乱数として生成

//ハミルトニアンを計算
  ham_init=calc_hamiltonian(x,p);
//リープフロッグの 1 ステップ目．0.5 に注意
  x=x+p*0.5e0*dtau;
//リープフロッグの 2, ..., Ntau ステップ目
  for(int step=1; step!=ntau; step++){
    double delh=calc_delh(x);
    p=p-delh*dtau;
    x=x+p*dtau;
  }
//リープフロッグの最後のステップ．0.5 に注意
  double delh=calc_delh(x);
  p=p-delh*dtau;
  x=x+p*0.5e0*dtau;
//ハミルトニアンをもう一度計算
  ham_fin=calc_hamiltonian(x,p);

  return 0;
}


int main()
{
  srand((unsigned)time(NULL));
/*********************/
/*** 初期配位を決める ***/
/*********************/
  double x=0e0;
/*********************/
/*** ここからが本番 ***/
/*********************/
  std::ofstream outputfile("output.txt"); //出力ファイルを準備
```

```
  int naccept=0;     //更新回数のカウンター
  double sum_xx=0e0;
//↑ x^2 の和. 期待値 <x^2> を計算するために使う

  for(int iter=0; iter!=niter; iter++){

    double backup_x=x;
    double ham_init,ham_fin;
    Molecular_Dynamics(x,ham_init,ham_fin);     //リープフロッグ
    double metropolis = (double)rand()/RAND_MAX;
    if(exp(ham_init-ham_fin) > metropolis){   //メトロポリステスト
      naccept=naccept+1;     //受理, または
    }else{
      x=backup_x;     //棄却
    }
/****************/
/*** データ出力 ***/
/****************/
    sum_xx=sum_xx+x*x;

// output x, <x^2>, acceptance

    std::cout << std::fixed << std::setprecision(6)
      << x << "   "
      << sum_xx/((double)(iter+1)) << "   "
      << ((double)naccept)/((double)iter+1)
      << std::endl;

    outputfile << std::fixed << std::setprecision(6)
      << x << "   "
      << sum_xx/((double)(iter+1)) << "   "
      << ((double)naccept)/((double)iter+1)
      << std::endl;
```

```
  }    //シミュレーション終了
  outputfile.close();    //出力ファイルを閉じる
  return 0;
}
```

　プログラムの冒頭で，いくつかのパラメーターの値を定めています．**niter** はシミュレーションで集めるサンプルの数です．**ntau** は文字通り N_τ，**dtau** は $\Delta\tau$ を意味します．

　次に，いくつかのルーチンと関数を定義しています：

- **BoxMuller** はボックス・ミュラー法でガウス乱数を生成します．ガウス乱数を使う時は，幅 σ の値に常に気をつけて下さい．実変数か複素変数か，あるいは自分がどのような規格化を用いているかによって，用いるべき σ の値が変わってきます．

- **calc_action** は作用 $S(x)$ の値を計算します．今の場合は単に $S(x) = \frac{x^2}{2}$ です．このルーチンは **calc_hamiltonian** の中で使われています．

- **calc_hamiltonian** は作用の値に $\frac{p^2}{2}$ を足してハミルトニアンの値を返します．このルーチンは **Molecular_Dynamics** の中で呼び出されています．

- **calc_delh** はハミルトニアンの x での微分 $\frac{dH}{dx} = \frac{dS}{dx} = x$ を計算します．このルーチンも **Molecular_Dynamics** の中で使われています．

- **Molecular_Dynamics** はリープフロッグ法を用いて時間発展を計算し，時間発展後の x の値と，時間発展の前後のハミルトニアンの値を返します（歴史的な理由で分子軌道法と呼ばれます）．

　main の中では，メトロポリス法との違いは，x の値を単純に乱数で更新する代わりに **Molecular_Dynamics** を用いていることと，メトロポリステストに ΔS ではなくて ΔH を用いていることだけです．作用 $S(x)$ がより複雑な関数である場合も，**calc_action** と **calc_delh** を書き換えるだけで構いません．

6.1.5 多変数の HMC

続いて，HMC を使って多変数の確率分布を生成してみましょう.

まず最初に，多変数のガウス分布

$$S(x_1, \cdots, x_n) = \frac{1}{2} \sum_{i,j=1}^{n} A_{ij} x_i x_j \qquad (A_{ij} = A_{ji}) \qquad (6.24)$$

を考えましょう. ハミルトン方程式 (6.1) は

$$\frac{dp_i}{d\tau} = -\sum_{j=1}^{n} A_{ij} x_j, \qquad \frac{dx_i}{d\tau} = p_i \qquad (6.25)$$

となります.

```
#include <iostream>
#include <cmath>
#include<fstream>
const int niter=1000;
const int ntau=20;
const double dtau=0.5e0;
const int ndim=3;      //変数の個数
/******************************************/
/*** ボックス・ミュラー法でガウス乱数を作る ***/
/******************************************/
int BoxMuller(double& p, double& q){

  double pi=2e0*asin(1e0);
//0 と 1 の間の一様乱数 r,s を生成
  double r = (double)rand()/RAND_MAX;
  double s = (double)rand()/RAND_MAX;
//ガウス乱数 p,q を生成
  p=sqrt(-2e0*log(r))*sin(2e0*pi*s);
  q=sqrt(-2e0*log(r))*cos(2e0*pi*s);

  return 0;
```

```
}
/**********************/
/**** 作用 S[x] の計算 ****/
/**********************/
// ここを書き変えたら "calc_delh"も書き変える
double calc_action(const double x[ndim],const double A[ndim][ndim])
{
  double action=0e0;

  for(int idim=0; idim!=ndim; idim++){
      for(int jdim=0; jdim!=idim; jdim++){
          action=action+x[idim]*A[idim][jdim]*x[jdim];
      }
      action=action+0.5e0*x[idim]*A[idim][idim]*x[idim];
  }
  return action;
}
/********************************/
/**** ハミルトニアン H[x,p] の計算 ****/
/********************************/
double calc_hamiltonian(const double x[ndim], const double p[ndim],
const double A[ndim][ndim])
{
  double ham=calc_action(x,A);

  for(int idim=0; idim!=ndim; idim++){
    ham=ham+0.5e0*p[idim]*p[idim];
  }
  return ham;
}
/******************/
/*** dH/dx の計算 ***/
/******************/
```

```
//ハミルトニアンの x 微分. 作用の x 微分と等価
// "calc_action"を書き変えたら, ここも書き変える
int calc_delh(const double x[ndim],const double A[ndim][ndim],
double (&delh)[ndim])
{
  for(int idim=0; idim!=ndim; idim++){
    delh[idim]=0e0;
  }
  for(int idim=0; idim!=ndim; idim++){
    for(int jdim=0; jdim!=ndim; jdim++){
      delh[idim]=delh[idim]+A[idim][jdim]*x[jdim];
    }
  }
  return 0;
}
/****************************/
/*** 分子軌道法による時間発展 ***/
/****************************/
//リープフロッグで時間発展させる
int Molecular_Dynamics(double (&x)[ndim],
const double A[ndim][ndim], double& ham_init,double& ham_fin)
{
  double p[ndim];
  double delh[ndim];
  double r1,r2;

  for(int idim=0; idim!=ndim; idim++){
    BoxMuller(r1,r2);
    p[idim]=r1;     //運動量 p_i をガウス乱数として生成
  }
//ハミルトニアンを計算
  ham_init=calc_hamiltonian(x,p,A);
//リープフロッグの 1 ステップ目. 0.5 に注意
```

```
  for(int idim=0; idim!=ndim; idim++){
    x[idim]=x[idim]+p[idim]*0.5e0*dtau;
  }
//リープフロッグの 2, ..., Ntau ステップ目
  for(int step=1; step!=ntau; step++){
    calc_delh(x,A,delh);
    for(int idim=0; idim!=ndim; idim++){
      p[idim]=p[idim]-delh[idim]*dtau;
    }
    for(int idim=0; idim!=ndim; idim++){
    x[idim]=x[idim]+p[idim]*dtau;
    }
  }
//リープフロッグの最後のステップ. 0.5 に注意
  calc_delh(x,A,delh);
  for(int idim=0; idim!=ndim; idim++){
    p[idim]=p[idim]-delh[idim]*dtau;
  }
  for(int idim=0; idim!=ndim; idim++){
    x[idim]=x[idim]+p[idim]*0.5e0*dtau;
  }
//ハミルトニアンをもう一度計算
  ham_fin=calc_hamiltonian(x,p,A);
  return 0;
}


int main()
{
  double x[ndim];
  double A[ndim][ndim];

  A[0][0]=1e0;A[1][1]=2e0;A[2][2]=2e0;
  A[0][1]=1e0;A[0][2]=1e0;A[1][2]=1e0;
```

```
  for(int idim=1; idim!=ndim; idim++){
    for(int jdim=0; jdim!=idim; jdim++){
      A[idim][jdim]=A[jdim][idim];
    }
  }
  srand((unsigned)time(NULL));
/**********************/
/*** 初期配位を決める ***/
/**********************/
  for(int idim=0; idim!=ndim; idim++){
    x[idim]=0e0;
  }
/********************/
/*** ここからが本番 ***/
/********************/
  std::ofstream outputfile("output.txt"); //出力ファイルを準備
  int naccept=0;      //更新回数のカウンター

  for(int iter=0; iter!=niter; iter++){
    double backup_x[ndim];
    for(int idim=0; idim!=ndim; idim++){
      backup_x[idim]=x[idim];
    }
    double ham_init,ham_fin;
    Molecular_Dynamics(x,A,ham_init,ham_fin); //リープフロッグ
    double metropolis = (double)rand()/RAND_MAX;
    if(exp(ham_init-ham_fin) > metropolis){ //メトロポリステスト
      naccept=naccept+1;    //更新，または
    }else{
      for(int idim=0; idim!=ndim; idim++){
      x[idim]=backup_x[idim];    //棄却
      }
    }
```

```
/****************/
/*** データ出力 ***/
/****************/
    if((iter+1)%10 == 0){
      std::cout << std::fixed << std::setprecision(6)
        << x[0] << "    "
        << x[1] << "    "
        << x[2] << "    "
        << ((double)naccept)/((double)iter+1)
        << std::endl;

      outputfile << std::fixed << std::setprecision(6)
        << x[0] << "    "
        << x[1] << "    "
        << x[2] << "    "
        << ((double)naccept)/((double)iter+1)
        << std::endl;
    }
  }
  outputfile.close();    //出力ファイルを閉じる
  return 0;
}
```

プログラムの冒頭でのパラメーター設定は，変数の数 $n = $ **ndim** が追加されたほかは一変数の場合と同じです．ルーチンと関数も一変数の場合と非常によく似ています:

- **calc_action** は作用 $S(x_1, \cdots, x_n)$ の値を計算します．このルーチンは **calc_hamiltonian** の中で使われています.
- **calc_hamiltonian** は作用の値に $\sum_{i=1}^{n} \frac{p_i^2}{2}$ を足してハミルトニアンの値を返します．このルーチンは **Molecular_Dynamics** の中で呼び出されています.

- **calc_delh** はハミルトニアンの x での微分 $\frac{\partial H}{\partial x_i} = \frac{\partial S}{\partial x_i} = \sum_{j=1}^{n} A_{ij} x_j$ を計算します．このルーチンも **Molecular_Dynamics** の中で使われています．
- **Molecular_Dynamics** はリープフロッグ法を用いて時間発展を計算し，時間発展後の $x_1, \cdots, x_n$ の値と，時間発展の前後のハミルトニアンの値を返します．
- A_{ij} の具体的な値は **main** の中で定義しています．

6.2 節で同じ確率変数を別のアルゴリズム（ギブスサンプリング法）を使って生成します．今回 HMC 法を使って生成した結果はその時にまとめてお見せすることにします（図 6.8）．

少し違う例として，素粒子物理や超弦理論に関連する計算を見てみましょう．ϕ を $N \times N$ のエルミート行列とします．

$$S(\phi) = N\mathrm{Tr}\left(\frac{1}{2}\phi^2 + \frac{1}{4}\phi^4\right) \tag{6.26}$$

という重みを考えてみましょう．これに似た積分は原子核内部の相互作用やブラックホールの量子力学的な性質といった非常に面白い問題に頻繁に現れますが，ほとんどの場合，どう頑張っても解析的には計算できません．マルコフ連鎖モンテカルロ法の凄いところは，凡人がコツコツとシミュレーションを続ければ，天才がどう足掻いてもできない大変な計算ができてしまうところです．必要な才能はただ一つ，根気だけです．

このようなちょっとヒネくれた確率分布にギブスサンプリングや後で述べる一般的なメトロポリス・ヘイスティング法を適用するのは簡単ではありません．また，単純なメトロポリス法を適用しようとすると，$\phi_{ij} \to \phi'_{ij} = \phi_{ij} + \Delta\phi_{ij}$ という変分の下で作用は

$$\Delta S = N\mathrm{Tr}\left(\left(\phi + \phi^3\right)\Delta\phi\right) \tag{6.27}$$

だけ変化しますが，これは N とともにどんどん大きくなってしまいます．したがって，行列の全ての成分を一斉に変化させようとすると，ステップ幅を非常に小さく取らなければ更新されなくなります．それならば行列の 1 成分だけを変化させれば良いのではないかと思うかもしれませんが，その場合にもかなり大きな自己相関を覚悟しなければなりません．

表 6.1　作用 (6.26) に対して HMC シミュレーションを実行し, 異なる N_τ に対するメトロポリス テストの受理確率を測定した結果. ただし, 行列サイズは $N = 100$ とし, $N_\tau \Delta\tau = 0.1$ に固定した. 計算は十分に熱化した状態から集めた 10000 サンプル用いて行った.

N_τ	受理確率	受理確率$/N_\tau$
4	0.0633	0.01583
6	0.3418	0.05697
8	0.6023	0.07529
10	0.7393	0.07393
12	0.8169	0.06808
14	0.8645	0.06175
16	0.8963	0.05602

HMC 法を用いる場合, ハミルトン方程式は

$$\frac{dp_{ij}}{d\tau} = -\frac{\partial S}{\partial \phi_{ji}} = -N\phi_{ij} - N\left(\phi^3\right)_{ij}, \qquad \frac{d\phi_{ij}}{d\tau} = p_{ij} \qquad (6.28)$$

となります (ϕ_{ij} の共役運動量を p_{ji} としました). 計算のために必要なコードは多変数ガウス分布で用いたコードがほぼそのまま流用できます. やるべきことは, 作用を (6.26) に, ハミルトニアンの微分を (6.28) に書き換えるだけです. これはどんなに複雑な作用でも変わりません.

HMC 法は元々は素粒子物理学の大規模シミュレーションのために開発されました. 現在では, HMC 法やその更なる改良版である RHMC 法 (Rational Hybrid Monte Carlo 法) [9] は必須の道具です. 7.4 節で紹介するように, 原子核内の複雑な相互作用を素粒子標準模型を用いて解析し, 陽子や中性子の質量を求めたり [11,12], 超弦理論に基づいてホーキングの予言したブラックホールの性質を説明したり [13,14] することができるのですが, このような計算は他のアルゴリズムでは不可能です.

6.1.6　パラメーターの調整

ここからは, 実際に HMC 法を用いてシミュレーションをする際に必要になる事柄について述べていきたいと思います. まずは適切な N_τ と $\Delta\tau$ の選び方についてです.

例として, 行列積分 (6.26) を考えましょう. $N_\tau \Delta\tau = 0.1$ に固定し, 様々な N_τ の値に対してメトロポリステストでの受理確率を求めた結果が表 6.1 です. ただし, 行列サイズは $N = 100$ としました. 6.1.1 節で述べたよう

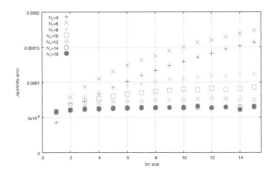

図 6.5　表 6.1 に挙げたサンプルを用いて作用関数 (6.26) の期待値 $\langle S/N^2 \rangle = \frac{1}{KN^2} \sum_{k=1}^{K} S(\phi^{(k)})$ を計算し，そのジャックナイフ誤差を評価した結果．このケースでは，$N_\tau \geq 12$ とすると自己相関長がほとんど 1 になっており，N_τ を大きくする意味がなくなっている．

に，N_τ が大きくなると $\Delta\tau$ が小さくなり，連続的な時間発展に近づいていきます．時間発展が連続になればハミルトニアンは変化しなくなるので，受理確率も大きくなるはずですが，実際にその通りになっている様子が見て取れます．

　このデータから最適な N_τ が読み取れます．まず，大雑把に言って，計算量は N_τ に比例します．一方，$N_\tau\Delta\tau$ が固定されているので，リープフロッグ法による時間発展の前後での行列 ϕ の変化は N_τ にはそれほど大きくは依存しません．メトロポリステストをパスしないと配位が変化しないことも考慮すれば，平均的な ϕ の変化は受理確率に比例すると考えて良いでしょう．したがって，計算コストあたりの変化量は (受理確率)$/N_\tau$ に比例するはずで，N_τ と $\Delta\tau$ はこれを最大化するように調節するべきです．表 6.1 を見ると，$N_\tau = 8$ か $N_\tau = 10$ が適切と思われます．

　念のために自己相関長を確認してみましょう．自己相関長は相関のない独立なデータを得るために必要なステップ数で，4.3.3 節で説明したようにジャックナイフ誤差の振る舞いから読み取ることができます．表 6.1 を作るのに用いたデータから作用関数 (6.26) の期待値 $\langle S/N^2 \rangle = \frac{1}{KN^2} \sum_{k=1}^{K} S(\phi^{(k)})$ を計算し，そのジャックナイフ誤差を評価した結果が図 6.5 です．これを見ると，$N_\tau \geq 12$ ではジャックナイフ誤差が速やかに一定になり，自己相関長がほとんど 1 になっている様子が見て取れます．これは 1 ステップで独立な

サンプルを得られていることを意味しているので，これ以上 N_τ を大きくしても計算コストが増えるだけで意味がありません．このことからも，$N_\tau = 8$ か $N_\tau = 10$ が適切な N_τ であることがわかります．

ただし，受理確率が高くなったからといっていつも自己相関長が短くなるわけではありません．複雑な理論を取り扱うと，自己相関長が非常に長くなるケースに出会います．そのような場合には，自己相関長と 1 ステップに必要な計算量をきちんと評価する必要があります．また，今の場合には $N_\tau \Delta \tau$ を固定してコストを最小にしましたが，理想的には $N_\tau \Delta \tau$ の値も変化させるべきでしょう．$N_\tau \Delta \tau$ が小さすぎたら意味がないのは明らかでしょうし，逆に，$N_\tau \Delta \tau$ が大きすぎても，1 ステップあたりの変化量が無駄に大きいだけで独立なサンプル数は増やせないこともあります．**大切なのは，より多くの独立なサンプルをより少ない計算コストで得られるようにすることです**．

6.1.7 変数ごとにステップ幅を変えてみる

2 変数の分布

$$S(x, y) = f(x) + g(y) + xy \tag{6.29}$$

を考えてみます．ただし，例えば $f(x) = x^2, g(y) = 1000000000000y^2$ のような感じで，x の分布は比較的広い幅を持つのに対して y の分布は極端に狭い範囲に集中しているとします[*5]．この時，HMC の過程で x も y も同じステップ幅で動かすのは効率が良くありません．x だけしかいなければそれほどステップ幅を小さくしないでも高い更新確率が得られるのに，y がいるせいでステップ幅を小さくしなければならなくなるのです．

メトロポリス法の場合には，5 章で見たように，変数ごとにステップ幅を変えるのは常套手段でした．HMC 法の場合も，x と y で異なるステップ幅を取っても問題ありません．3 章で挙げた条件さえ満たされていれば，ステップ幅をどう選んでも構わないのです．ハミルトニアンの保存則も壊れませんので，確認してみて下さい．物理の大規模シミュレーションでは，変数ごとにステップ幅を調節してシミュレーション効率を上げることは非常に重要で，そのための特別のアルゴリズムも用意されています．

[*5] 物理学の言葉では，粒子 x は軽いので動かしやすい，粒子 y は重いので動かしにくい，という状況です．

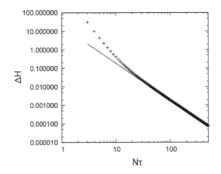

図 6.6　$N_\tau \Delta\tau$ を 0.1 に固定し，N_τ を大きくして行った時の $\Delta H = H_{\mathrm{fin}} - H_{\mathrm{init}}$ のゼロ
への近づき方を図示した．縦軸，横軸とも対数スケールを用いている．作用には (6.26)
を用い，$N = 100$ とした．十分に熱化した後の配位 $\{\phi\}$ とランダムに生成した運動
量 $\{p_\phi\}$ を選び，すべての N_τ に対して同じ $\{\phi, p_\phi\}$ を用いた．十分大きな N_τ では，
$\Delta H \simeq 18.5 N_\tau^{-2}$ となっている．ハミルトニアンの保存が確認できたら，デバッグはほと
んど終わったも同然．

6.1.8　デバッグに関する注意

● ハミルトニアンの保存則を活用する

　HMC 法の利点として，計算効率が良いことに加え，ハミルトニアンが保存
するお陰でプログラムのデバッグがしやすいことが挙げられます．HMC の
シミュレーションには，$S(x)$ と $\frac{\partial S}{\partial x}$ を計算する必要があります．$S(x)$ と $\frac{\partial S}{\partial x}$
が正しく計算できていたら，ステップ幅を細かくする極限（連続極限; $N_\tau \Delta\tau$
を固定して $N_\tau \to \infty$，$\Delta\tau \to 0$）でハミルトニアンが保存されます．プログ
ラムにミスは付き物ですが，$S(x)$ と $\frac{\partial S}{\partial x}$ の計算でハミルトニアンの保存則が
壊れないように $S(x)$ の計算ミスと $\frac{\partial S}{\partial x}$ の計算ミスがうまく打ち消しあうと
いうのは非常に稀なことです．実際上，$S(x)$ と $\frac{\partial S}{\partial x}$ の両方が正しく計算でき
ていない限りはハミルトニアンが保存しないと思って良いでしょう．これは
デバッグのために非常に便利な性質です（図 6.6 を参照して下さい）．

　6.1.7 節で説明したように，変数ごとに異なるステップ幅を導入すること
ができます．x と y という変数があり，対応するステップ幅が $\Delta\tau_x$ と $\Delta\tau_y$
だったとしましょう．この時，$\Delta\tau_y = 0$ としてハミルトニアンの保存則を確
認すれば，x の時間発展が正しく計算できているかどうかがわかります．こ

のようにして，全体ではなく一部だけを取り出してチェックしていくのがデバッグの王道です．

● 運動量の規格化について

HMC に用いる運動量 p をガウス乱数で選ぶ時には，どのように規格化されているかに注意して下さい．この本では $\frac{e^{-\frac{p^2}{2}}}{\sqrt{2\pi}}$ という規格化を採用していますが，これはハミルトニアンの中に運動量が $\frac{p^2}{2}$ という形で入っているからです．ここを例えば p^2 や $100p^2$ に変えた場合には，それに伴って運動方程式とガウス乱数の重みを書き換える必要があります．この部分を書きかえても単なる変数の再定義に過ぎず，式が複雑になるだけで最終結果は全く変わりません．

x が複素数や行列になると，対応する運動量 p も複素数や行列になります．行列にも実行列，複素行列，対称行列，エルミート行列と色々あります．このような場合は運動量の規格化がややこしくなります．非常に細かい話になるのでここでは説明しませんが，必要に応じて文献 [15] などを参照して下さい．

運動量の規格化を間違えると，間違った答えが得られます．運動量の規格化が正しいかどうかはエネルギー保存からはわからないので，別途注意が必要です．

● リープフロッグの順番，最初と最後の $\frac{1}{2}$

リープフロッグ法では，x と p を交互に更新していくことが重要です．また，最初と最後の $\frac{1}{2}$ も不可欠です．これらを間違えてもハミルトニアンの保存則は成り立ってしまうので，なかなか気がつきにくいバグです．

このような間違いを犯してしまったらどうなるのかをきちんと理解するために，実際に間違えたらどうなるか試してみましょう．式 (6.26) で定義した行列の積分を例に取りましょう．リープフロッグの最後のステップの $\frac{1}{2}$ を落としてみます[*6]．結果は悲惨なものです．図 6.7 に示したように，N_τ と $\Delta\tau$ が異なると全く異なる期待値が得られてしまいます．正しい答えが得られるのは $N_\tau \Delta\tau$ を固定して N_τ を無限大にした場合だけです．

---

*6 これは筆者の一人が初めて HMC 法でプログラムを書いた時に実際に犯したミスです．

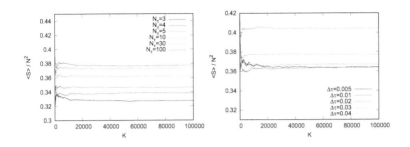

図 6.7　間違った計算の例．リープフロッグの最後のステップの $1/2$ を落として，$\left\langle \frac{S}{N^2} \right\rangle = \frac{1}{K} \sum_{k=1}^{K} \frac{S(\phi^{(k)})}{N^2}$ を $N = 10$ についていくつかの異なる N_τ と $\Delta\tau$ について計算してみた．[左] $N_\tau \Delta\tau$ を 0.1 に固定; [右] N_τ を 10 に固定．正しい期待値が得られるのは $N_\tau \Delta\tau$ を固定して $N_\tau = \infty$ とした場合のみ.

6.2　ギブスサンプリング法（熱浴法）

　メトロポリス法や HMC 法はそれこそありとあらゆるケースに適用できます．一方，これから説明するギブスサンプリング（物理業界では熱浴法とも呼ばれます）は，適用できる場面は限られますが，適用可能な場合には効率が良いアルゴリズムです．ベイズ統計などでよく使われる比較的素直な分布に対しては適用可能なことが多く，本書でも 7.2.2 節でその威力を発揮します．ここでは，導入として，ガウス分布を題材にしてアルゴリズムを説明します．

　二変数の確率分布 $P(x, y)$ をメトロポリス法で構成する際，「y を固定して x を少し動かす」という操作と「x を固定して y を少し動かす」という操作を組み合わせれば良いことはすでに説明しました．メトロポリス法はありとあらゆる問題に適用可能な強力な手法ではあるものの，x と y が少しずつしか変わらないために，自己相関が強く，あまり効率が良くないことも説明した通りです．自己相関を減らすには，「y を固定して x を大幅に動かす」という操作と「x を固定して y を大幅に動かす」という操作を組み合わせれば良いのは明らかだと思います．ギブスサンプリングは，この至極単純な発想に基づいています．

6.2.1　二変数ガウス分布の場合

まず，ガウス分布の二変数版

$$S(x,y) = \frac{x^2 + y^2}{2} \tag{6.30}$$

を考えてみましょう．この場合は x と y は独立で，確率分布は以下のように x の確率分布と y の確率分布の積になります：

$$P(x,y) = P(x) \cdot P(y) = \frac{e^{-\frac{x^2}{2}}}{\sqrt{2\pi}} \cdot \frac{e^{-\frac{y^2}{2}}}{\sqrt{2\pi}} \tag{6.31}$$

したがって，x と y の分布 $P(x), P(y)$ を独立に作れば良いだけです．これはボックス・ミュラー法を用いれば簡単にできます．

この問題を少しだけ変えてみましょう．

$$S(x,y) = \frac{x^2 + y^2 + xy}{2} \tag{6.32}$$

としてみます．5章でも同じ例が登場しました．これは変数変換で前と同じ形に持って行って解くこともできますが，ここでは敢えてギブスサンプリングを用います．

条件付き確率 $P(x|y)$ を，y の値が固定されている時の x の確率分布と定義します．同様に，$P(y|x)$ を x の値が固定されている時の y の確率分布とします．具体的には

$$P(x|y) = \frac{e^{-\frac{1}{2}\left(x+\frac{y}{2}\right)^2}}{\sqrt{2\pi}} \tag{6.33}$$

と

$$P(y|x) = \frac{e^{-\frac{1}{2}\left(y+\frac{x}{2}\right)^2}}{\sqrt{2\pi}} \tag{6.34}$$

です．6.2.3 節で説明するように，これらの分布はボックス・ミュラー法で作ったガウス分布を $-\frac{y}{2}$ あるいは $-\frac{x}{2}$ だけ並行移動して簡単に作れます．ギブスサンプリングではこの条件付き確率を活用します．具体的には次のような手順を踏みます：

2変数のギブスサンプリング

1. $(x^{(k)}, y^{(k)})$ が得られていたとする．この時，$x^{(k+1)}$ を確率分布 $P(x^{(k+1)}|y^{(k)})$ で生成する．
2. 次に $y^{(k+1)}$ を確率分布 $P(y^{(k+1)}|x^{(k+1)})$ で生成する．
3. 以上をひたすら繰り返す．

ポイントは，$x^{(k)}$ を少しだけ変えて $x^{(k+1)}$ を作るのではなく，（$y^{(k)}$ は固定するという条件のもとでではありますが）$x^{(k)}$ とは関係なしに $x^{(k+1)}$ を作っていることです．これが可能なのは今回のガウス分布のように条件付き確率が簡単に計算できる形をしている時に限られるので，メトロポリス法や HMC 法と比べると使える場面が限られます．しかし，ひとたび型にはまれば，自己相関が小さいサンプルを生成できるうえ，パラメーターを調整する必要もないので，大変便利です．

「y を固定して x を更新」と「x を固定して y を更新」をまとめて 1 ステップと思うことにしましょう．このやり方でマルコフ連鎖モンテカルロ法の条件が満たされていることを確認します．マルコフ連鎖であることと既約性，非周期性はほとんど自明でしょう．以下，詳細釣り合い条件を慎重に調べます．y を固定して x を x' に更新する場合を考えてみます．

$$T((x,y) \to (x',y)) = P(x'|y), \tag{6.35}$$

$$T((x',y) \to (x,y)) = P(x|y) \tag{6.36}$$

なので，

$$P(x,y) \cdot T((x,y) \to (x',y)) = P(x,y) \cdot P(x'|y),$$

$$P(x',y) \cdot T((x',y) \to (x,y)) = P(x',y) \cdot P(x|y) \tag{6.37}$$

と書き直すことができます．条件付き確率の定義から

$$P(x,y) = P(x|y) \cdot P(y), \qquad P(x',y) = P(x'|y) \cdot P(y) \tag{6.38}$$

であることに注意すると，

$$P(x,y) \cdot T((x,y) \to (x',y)) = P(x|y) \cdot P(x'|y)P(y)$$

$$= P(x', y) \cdot T((x', y) \to (x, y)) \quad (6.39)$$

となり，詳細釣り合いが示せます．x を固定して y を y' に更新する場合も同様にして

$$P(x, y) \cdot T((x, y) \to (x, y')) = P(x, y') \cdot T((x, y') \to (x, y)) \quad (6.40)$$

を示すことができます．

　$(x, y) \to (x', y) \to (x', y')$ をまとめて 1 ステップと思った場合には詳細釣り合いは破れてしまいますが[*7]，特に問題はないことが以下のようにして分かります．既約性，非周期性が成り立つならば，マルコフ連鎖は（定常分布が存在する場合には）定常分布に収束します．詳細釣り合い条件は，この定常分布が $P(x, y)$ であって欲しいから要請したのでした．今の構成法では，$(x, y) \to (x', y)$ と $(x', y) \to (x', y')$ はどちらも詳細釣り合い条件を満たしているので，$P(x, y)$ はどちらのもとでも定常分布です．$(x, y) \to (x', y) \to (x', y')$ をまとめて 1 ステップと思った場合には詳細釣り合い条件は満たされていないものの，$P(x, y)$ が定常分布になっていることには変わりはありません．この辺りの事情は練習問題 4.2 とほとんど同じですので，式変形の詳細などが気になる方は練習問題 4.2 の解答を参照してください．

6.2.2　一般の多変数の場合

　一般の多変数のギブスサンプリングは次のようになります：

多変数のギブスサンプリング

1. $(x_1^{(k)}, x_2^{(k)}, \cdots, x_n^{(k)})$ が得られていたとする．
   この時，$x_1^{(k+1)}$ を確率分布 $P(x_1^{(k+1)} | x_2^{(k)}, \cdots, x_n^{(k)})$ で生成する．
2. 次に $x_2^{(k+1)}$ を確率分布 $P(x_2^{(k+1)} | x_1^{(k+1)}, x_3^{(k)}, \cdots, x_n^{(k)})$ で生成する．
3. $x_i^{(k+1)}$ を確率分布 $P(x_i^{(k+1)} | x_1^{(k+1)}, \cdots, x_{i-1}^{(k+1)}, x_{i+1}^{(k)}, \cdots, x_n^{(k)})$ で生成する．$(i = 3, 4, \cdots)$

[*7] x を先に更新すると約束したとすると，$(x', y') \to (x', y) \to (x, y)$ は許されず，$(x', y') \to (x, y') \to (x, y)$ の順で更新せざるを得ないことに注意してください．

4. $x_n^{(k+1)}$ を確率分布 $P(x_n^{(k+1)}|x_1^{(k+1)}, x_2^{(k+1)}, \cdots, x_{n-1}^{(k+1)})$ で生成する.
　 ここまでで $(x_1^{(k)}, x_2^{(k)}, \cdots, x_n^{(k)})$ を $(x_1^{(k+1)}, x_2^{(k+1)}, \cdots, x_n^{(k+1)})$ に更新することができた.

5. 以上をひたすら繰り返す.

　記号が込み入っていて混乱したという人のために，三変数の場合にもう少し具体的に見てみましょう．$x_1 = x$, $x_2 = y$, $x_3 = z$ と書くことにします．この場合のギブスサンプリングは以下のようになります：

三変数のギブスサンプリング

1. $(x^{(k)}, y^{(k)}, z^{(k)})$ が得られていたとする.
　 この時，$x^{(k+1)}$ を確率分布 $P(x^{(k+1)}|y^{(k)}, z^{(k)})$ で生成する.

2. 次に $y^{(k+1)}$ を確率分布 $P(y^{(k+1)}|x^{(k+1)}, z^{(k)})$ で生成する.

3. 次に $z^{(k+1)}$ を確率分布 $P(z^{(k+1)}|x^{(k+1)}, y^{(k+1)})$ で生成する.
　 ここまでで $(x^{(k)}, y^{(k)}, z^{(k)})$ を $(x^{(k+1)}, y^{(k+1)}, z^{(k+1)})$ に更新することができた.

4. 以上をひたすら繰り返す.

$$S(x_1, \cdots, x_n) = \frac{1}{2} \sum_{i,j=1}^{n} A_{ij} x_i x_j \qquad (A_{ij} = A_{ji}) \tag{6.41}$$

という例を考えると[*8]，$n = 3$ の場合の条件付き確率分布は以下のようになります：

$$P(x|y,z) = \frac{e^{-\frac{A_{11}}{2}\left(x + \frac{A_{12}}{A_{11}}y + \frac{A_{13}}{A_{11}}z\right)^2}}{\sqrt{2\pi/A_{11}}},$$

[*8] これが確率分布として意味を成すために A_{ij} が満たさなければならない条件を考えてみて下さい.

$$P(y|z,x) = \frac{e^{-\frac{A_{22}}{2}\left(y+\frac{A_{21}}{A_{22}}x+\frac{A_{23}}{A_{22}}z\right)^2}}{\sqrt{2\pi/A_{22}}},$$

$$P(z|x,y) = \frac{e^{-\frac{A_{33}}{2}\left(z+\frac{A_{31}}{A_{33}}x+\frac{A_{32}}{A_{33}}y\right)^2}}{\sqrt{2\pi/A_{33}}}. \tag{6.42}$$

6.2.3 実際のシミュレーションの例

ボックス・ミュラー法で中心値 0, 幅 1 のガウス分布 $P(x) = \frac{1}{\sqrt{2\pi}}e^{-\frac{x^2}{2}}$ を作る方法はすでに説明しました．得られた x を σ 倍し，さらに μ を足しましょう:

$$x' = \sigma x + \mu \tag{6.43}$$

こうすると幅 σ, 中心値 μ の分布 $P(x';\sigma,\mu) = \frac{1}{\sqrt{2\pi}\sigma}e^{-\frac{(x'-\mu)^2}{2\sigma^2}}$ が得られます．先ほど説明した三変数の例であれば，$\sigma = \frac{1}{\sqrt{A_{11}}}$, $\mu = -\frac{A_{12}}{A_{11}}y - \frac{A_{13}}{A_{11}}z$ とすれば $P(x|y,z)$ が得られます．$P(y|x,z)$, $P(z|x,y)$ も同様です．

$S(x,y,z) = \frac{x^2+2y^2+2z^2+2xy+2yz+2zx}{2}$ の場合の C++ でのプログラム例を見てみましょう．**main** だけ示します．この他には，HMC でも用いた **Box-Muller** を定義するだけです．

```cpp
int main()
{
  double A[3][3];
  A[0][0]=1e0;A[1][1]=2e0;A[2][2]=2e0;
  A[0][1]=1e0;A[0][2]=1e0;A[1][2]=1e0;
  A[1][0]=A[0][1];A[2][0]=A[0][2];A[2][1]=A[1][2];

  srand((unsigned)time(NULL));    // 乱数の種を設定
  double x=0e0;double y=0e0;double z=0e0;    // 初期値を設定
// 以下，メインの繰り返し部分
  for(int iter=0; iter!=niter; iter++){
    double sigma,mu;
    double r1,r2;
// x を更新
```

```
    sigma=1e0/sqrt(A[0][0]);
    mu=-A[0][1]/A[0][0]*y-A[0][2]/A[0][0]*z;
    BoxMuller(r1,r2);
    x=sigma*r1+mu;
// y を更新
    sigma=1e0/sqrt(A[1][1]);
    mu=-A[1][0]/A[1][1]*x-A[1][2]/A[1][1]*z;
    BoxMuller(r1,r2);
    y=sigma*r1+mu;
// z を更新
    sigma=1e0/sqrt(A[2][2]);
    mu=-A[2][0]/A[2][2]*x-A[2][1]/A[2][2]*y;
    BoxMuller(r1,r2);
    z=sigma*r1+mu;
// x,y,z の値を出力 (10 ステップに 1 回)
    if((iter+1)%10==0){
    std::cout
    << x << "    "
    << y << "    "
    << z << std::endl;
    }
  }
  return 0;
}
```

　毎回 100%の確率で更新するので，メトロポリステストが不要になったことに注意して下さい．

　6.1.5 節で同じ確率分布を HMC 法で調べました．ギブスサンプリング法がうまく機能していることを確認するために，HMC 法と結果を比較してみましょう．プログラム例にあるように，10 ステップに 1 回サンプルすることとし，10 万ステップで合計 1 万サンプルを採取します．HMC でも，$N_\tau = 20$,$\Delta\tau = 0.5$ として 10 ステップで合計 1 万サンプルを採取しました．図 6.8 はx と y, x と z, y と z の組み合わせについての二次元プロットです．左側が

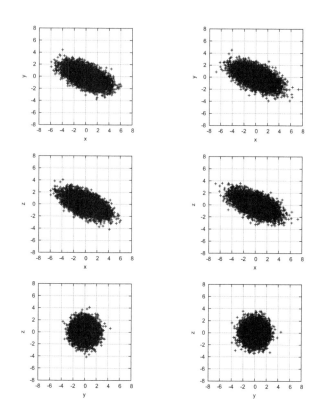

図 6.8　$S(x, y, z) = \frac{x^2 + 2y^2 + 2z^2 + 2xy + 2yz + 2zx}{2}$ について，x と y, x と z, y と z の組み合わせについてそれぞれ二次元プロットを作って比較した．左側が HMC 法，右側がギブスサンプリング法の結果．

HMC 法，右側がギブスサンプリング法の結果です．ほぼ同じ分布になっていることが確認できます．

　図 6.9 ではサンプル数を 100 万まで増やして xy の分布密度を同時にプロットしてみました．非常によく一致していることがわかります．

6.3　メトロポリス・ヘイスティングス法（MH法）

続いて紹介するのは，ギブスサンプリングや HMC 法のような便利なア

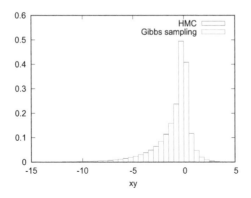

図 6.9　$S(x, y, z) = \frac{x^2 + 2y^2 + 2z^2 + 2xy + 2yz + 2zx}{2}$ について，xy の確率分布を HMC 法とギブス
サンプリング法で計算して比較した．

ルゴリズムの基礎となっているメトロポリス・ヘイスティングス法 (MH
法) [16] です．

メトロポリス法では，遷移確率 $T(\{x\} \to \{x'\})$ は

$$T(x \to x') = (\Delta x = x' - x \text{ となる確率}) \times \min\left(1, \frac{e^{-S(x')}}{e^{-S(x)}}\right) \quad (6.44)$$

となっていました．これに加えて，

$$(\Delta x = x' - x \text{ となる確率}) = (\Delta x = x - x' \text{ となる確率}) \quad (6.45)$$

も仮定することで，詳細釣り合いが示せました．

二番目の条件が成り立たない場合はどうしたらいいでしょうか？　例
えば，

$$(\Delta x > 0 \text{ となる確率}) = (\Delta x < 0 \text{ となる確率}) \times 2 \quad (6.46)$$

だったらどうなるでしょうか？　もちろん，何の工夫もしなければ詳細釣り
合いが破れてしまいますが，提案の受理確率 $\min\left(1, \frac{e^{-S(x')}}{e^{-S(x)}}\right)$ をうまく変更
すれば詳細釣り合いを回復させられます．今の場合は，例えば $\Delta x > 0$ の時
だけ半分にしてやれば良いのはすぐわかると思います．MH 法では，もう少
しうまい工夫をします．

より一般に，$\Delta x = x' - x$ となる確率を x と x' に複雑に依存する

$f(x \to x')$ という関数としてみましょう. ただし, $f(x \to x') > 0$ で
あれば $f(x' \to x) > 0$ も成り立つものと仮定します. この時, たとえ
$f(x \to x') \neq f(x' \to x)$ だったとしても, $x \to x'$ という更新が受理さ
れる確率を

$$\min \left(1, \frac{e^{-S(x')}f(x' \to x)}{e^{-S(x)}f(x \to x')} \right) \tag{6.47}$$

と変更すれば詳細釣り合い条件 $e^{-S(x)} \cdot T(x \to x') = e^{-S(x')} \cdot T(x' \to x)$
が満たされるのです.

実際に確認してみましょう.

- まず, $f(x \to x') = f(x' \to x) = 0$ であれば遷移確率は $T(x \to x') = T(x' \to x) = 0$ なので, $e^{-S(x)} \cdot T(x \to x') = e^{-S(x')} \cdot T(x' \to x)$ は自明です.

- そこで以下では $f(x \to x') > 0, f(x' \to x) > 0$ の場合を考えることにしましょう. 遷移確率は

$$T(x \to x') = f(x \to x') \times \min \left(1, \frac{e^{-S(x')}f(x' \to x)}{e^{-S(x)}f(x \to x')} \right), \tag{6.48}$$

$$T(x' \to x) = f(x' \to x) \times \min \left(1, \frac{e^{-S(x)}f(x \to x')}{e^{-S(x')}f(x' \to x)} \right) \tag{6.49}$$

  です.

- $e^{-S(x')}f(x' \to x) \geq e^{-S(x)}f(x \to x')$ の時は,

$$e^{-S(x)}T(x \to x') = e^{-S(x)}f(x \to x') \times 1, \tag{6.50}$$

$$e^{-S(x')}T(x' \to x) = e^{-S(x')}f(x' \to x) \times \frac{e^{-S(x)}f(x \to x')}{e^{-S(x')}f(x' \to x)} \tag{6.51}$$

  なので,

$$e^{-S(x)}T(x \to x') = e^{-S(x')}T(x' \to x) = e^{-S(x)}f(x \to x') \tag{6.52}$$

  であり, 詳細釣り合いが成り立っています.

- $e^{-S(x')}f(x' \to x) < e^{-S(x)}f(x \to x')$ の場合も x と x' を入れ替えて同じ計算を繰り返せば詳細釣り合いが示せます.

　以上は一変数のようなつもりで式を書きましたが，多変数の場合も同じです.

　この方法をメトロポリス・ヘイスティングス法 （MH 法）と呼びます. $f(\{x\} \to \{x'\}) = f(\{x'\} \to \{x\})$ の場合は普通のメトロポリス法です.

メトロポリス・ヘイスティングス法 （MH 法）

1. 更新の提案確率 $f(\{x\} \to \{x'\})$ が与えられているとする. ただし, $f(\{x\} \to \{x'\}) > 0$ の時には $f(\{x'\} \to \{x\}) > 0$ であるとする. この f を用いて, $\{x^{(k)}\}$ から $\{x^{(k+1)}\}$ の候補 $\{x'\}$ を提案する.
2. メトロポリステスト: 0 と 1 の間の一様乱数 r を生成.

$$r < \frac{e^{-S(\{x'\})} f(\{x'\} \to \{x\})}{e^{-S(\{x\})} f(\{x\} \to \{x'\})} \tag{6.53}$$

ならば提案を受理して $\{x^{(k+1)}\} = \{x'\}$ と更新. それ以外は棄却して $\{x^{(k+1)}\} = \{x^{(k)}\}$ とする.

6.3.1　メトロポリス法と比較した時の利点

　メトロポリス法では更新の受理確率が

$$\min\left(1, \frac{e^{-S(\{x'\})}}{e^{-S(\{x\})}}\right) \tag{6.54}$$

でしたが，MH 法では

$$\min\left(1, \frac{e^{-S(\{x'\})} f(\{x'\} \to \{x\})}{e^{-S(\{x\})} f(\{x\} \to \{x'\})}\right) \tag{6.55}$$

でした. そのため，**更新の提案確率 $f(\{x\} \to \{x'\})$ をうまく選ぶことで受理確率を 1 に近づけることができる**場合があります. もちろん，そのような $f(\{x\} \to \{x'\})$ を見つけるのは一般には難しい問題です. すぐ後で説明するように，ギブスサンプリングや HMC 法は $f(\{x\} \to \{x'\})$ を非常にうまく選んだ MH 法と思えます. 7.2.4 節で紹介する Wolff アルゴリズムも同様です.

蛇足ではありますが，詳細釣り合い条件を満たすだけであれば，他の受理確率，例えば $\min(1, e^{S(\{x\})-S(\{x'\})}) \times \min\left(1, \frac{f(\{x'\} \to \{x\})}{f(\{x\} \to \{x'\})}\right)$ を用いても構いません．しかし，これでは受理確率を上げられないので意味がありません．

6.3.2　ギブスサンプリングが MH 法の例になっていること

ギブスサンプリングでは，$y, z, \cdots$ を固定して x を相対的な重み $e^{-S(x';y,z,\cdots)}$ で更新しました．したがって，

$$\frac{f(x' \to x)}{f(x \to x')} = \frac{e^{-S(x;y,z,\cdots)}}{e^{-S(x';y,z,\cdots)}} \tag{6.56}$$

となっており，

$$\frac{e^{-S(x';y,z,\cdots)} f(x' \to x)}{e^{-S(x;y,z,\cdots)} f(x \to x')} = 1 \tag{6.57}$$

となります．つまり，更新の提案確率をうまく選んで受理確率を 100% にしたのがギブスサンプリングです．

6.3.3　HMC 法も MH 法の例になっていること

HMC 法では，運動量 p も込みで $(x, p) \to (x', p')$ という時間発展を考えたので，$x \to x'$ という更新の提案確率は $f(x \to x') \propto e^{-\frac{p^2}{2}}$ です．逆向きの場合は $f(x' \to x) \propto e^{-\frac{p'^2}{2}}$ となります．したがって，

$$\frac{e^{-S(x')} f(x' \to x)}{e^{-S(x)} f(x \to x')} = \frac{e^{-H(x',p')}}{e^{-H(x,p)}} \tag{6.58}$$

となります．これは HMC 法のメトロポリステストに使われる $e^{H_{\text{init}}-H_{\text{fin}}}$ に他なりません．HMC 法も，更新の提案の仕方がうまく工夫された MH 法と思えるわけです．

6.3.4　素朴な MH 法の使用例

一変数のガウス分布の例を少しだけ変更してみましょう．

$$S(x) = \frac{1}{2}x^2 + \frac{1}{4}x^4 \tag{6.59}$$

としてみます．ギブスサンプリングの真似をして，x の値に依らずに x' を確率 $\frac{e^{-\frac{1}{2}x'^2}}{\sqrt{2\pi}}$ のガウス乱数として生成してみます．この時，$f(x \to x') = \frac{e^{-\frac{1}{2}x'^2}}{\sqrt{2\pi}}$

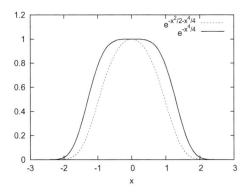

図 6.10　$e^{-\frac{x^2}{2}-\frac{x^4}{4}}$ と $e^{-\frac{x^4}{4}}$

なので，

$$\frac{e^{-S(x')}f(x' \to x)}{e^{-S(x)}f(x \to x')} = \frac{e^{-\frac{1}{4}x'^4}}{e^{-\frac{1}{4}x^4}} \tag{6.60}$$

図 6.10 を見ると，$e^{-\frac{1}{4}x^4}$ という関数は比較的平坦で，更新の受理確率が高くなることがわかります．

6.4 異なるアルゴリズムの併せ技

変数ごとに別のアルゴリズムを用いても構いません．素粒子物理学の大規模シミュレーションでは重要なテクニックです．

例として

$$S(x,y) = \frac{y^2}{2}f(x) + g(x) \tag{6.61}$$

を考えてみましょう．$f(x)$ と $g(x)$ は何らかの複雑な関数とします．この場合は次のようなステップに分けると話が簡単になります：

- y を固定して x を更新する．
- x を固定して y を更新する．

x を固定した時の y の分布は単なるガウシアンなので，ギブスサンプリン

グが適用できます．具体的には次のようにすると良いでしょう:

- y を固定して x を更新する際にはメトロポリス法か HMC 法を使う．
- x を固定して y を更新する際にはギブスサンプリング法を用いる．すなわち，分散が 1 のガウス乱数 z を生成し，$y = \frac{z}{\sqrt{f(x)}}$ とする．

練習問題

6.1 HMC 法では，変数ごとに異なるステップサイズを用いても詳細釣り合い条件もハミルトニアンの保存則も破れません．なぜでしょうか？

6.2 HMC 法で，リープフロッグに現れるハミルトニアンとメトロポリステストに現れるハミルトニアンで作用 $S(x)$ を異なるものに取っても詳細釣り合い条件は破れません（得られる分布はメトロポリステストに用いた作用 $S(x)$ で決まります）．なぜでしょうか？ また，このようなトリックを用いることの利点，欠点はなんでしょうか？

6.3 HMC 法では，$N_\tau \Delta \tau$ を固定して N_τ を大きくしていくと，十分大きな N_τ ではハミルトニアンの変化が $\Delta H \propto N_\tau^{-2}$ となります（図 6.6）．これはなぜでしょうか？ （この性質は，プログラムのデバッグやシミュレーションパラメーターの決定に役立ちます）．

6.4 ギブスサンプリング法がガウス分布に対して有用なのは，ボックス・ミュラー法でガウス乱数を直接的に，自己相関なしに作れたからでした．他の分布でも，その分布が自己相関なしで生成できる場合にはギブスサンプリング法が簡単に適用できます．例えば，$\rho(x) = e^{-x}$ $(0 \leq x < \infty)$ という分布を一様分布から作るにはどうしたら良いでしょうか？

6.5 リープフロッグ法ではヤコビアンが 1 であることを示してください．

6.6 本文中で，HMC 法で $\tau_{\text{fin}} = N_\tau \Delta \tau$ を固定したときに N_τ と $\Delta \tau$ の値を調節して効率を上げる方法を説明しました．τ_{fin} も最適な値に調節するにはどうしたらよいでしょうか？

解答例

6.1 x_i, p_i にはステップ幅 $\Delta\tau \times c_i$ を用いるものとしましょう．6.1.3 節で解説した詳細釣り合い条件の証明で重要だったのはリープフロッグの可逆性でしたが，これは c_i が i ごとに異なっても全く同様にして成り立ちますので，確認してみて下さい．可逆性さえ示せれば，あとは 6.1.3 節の証明がそのまま適用できます．

　HMC 法では，$\Delta\tau \to 0$ の極限でハミルトニアンが保存されることがポイントでした．変数ごとに異なるステップ幅を用いてもハミルトニアンは保存されます．これは次のようにしてわかります．まず，ハミルトン方程式は

$$\frac{dp_i}{d\tau} = -c_i\frac{\partial H}{\partial x_i} = -c_i\frac{\partial V}{\partial x_i}, \qquad \frac{dx_i}{d\tau} = c_i\frac{\partial H}{\partial p_i} = c_i p_i \qquad (6.62)$$

と変更されます．したがって，

$$\begin{aligned}
\frac{dH}{d\tau} &= \sum_i \left(\frac{dx_i}{d\tau}\frac{\partial H}{\partial x_i} + \frac{dp_i}{d\tau}\frac{\partial H}{\partial p_i} \right) \\
&= \sum_i c_i \left(\frac{\partial H}{\partial p_i}\frac{\partial H}{\partial x_i} - \frac{\partial H}{\partial x_i}\frac{\partial H}{\partial p_i} \right) = 0
\end{aligned} \qquad (6.63)$$

であり，ハミルトニアンは変化しません．

6.2 問題 6.1 の解答例でも言及したように，リープフロッグの可逆性さえ保たれていれば詳細釣り合いが示せるので，異なる $S(x)$ を用いても問題ありません．

　異なる $S(x)$ を用いるとハミルトニアンが保存しなくなるので，更新の提案の受理確率が下がります．これは明らかな欠点です．

　3.2 節に出てきた $P(x) \propto e^{-1/x^2 - x^2}$，$S(x) = \frac{1}{x^2} + x^2$ という例を考えてみましょう．$x = 0$ では $P(0) = 0$ なので，素朴な HMC 法では $x > 0$ と $x < 0$ の両方をサンプリングすることができません．しかし，リープフロッグに用いる作用を $S(x) = \frac{1}{x^2 + \epsilon} + x^2$（$\epsilon$ は小さな正の数）とすれば $P(0) > 0$ となって $x > 0$ と $x < 0$ の両方をサンプリングすることができるようになります．このように，作用 $S(x)$ に特異的な点（上の例では $S(x=0) = \infty$）がある場合，特異性を解消するような微小な変形を施した作用をリープフロッグに用いることでシミュレーション効率を改善できる場合があります．

6.3 $N_\tau \Delta\tau$ を固定しているので，$\Delta\tau$ は N_τ^{-1} に比例します．したがって，各ステップでの誤差が $(\Delta\tau)^3 \propto N_\tau^{-3}$ であれば，N_τ ステップ分の誤差の合計が N_τ^{-2} になります．

　各ステップでの誤差が $(\Delta\tau)^3$ のオーダーになっていることを確認するために，ハミルトン方程式に従う時間発展を $\Delta\tau$ の冪に展開してみましょう．すると，

$$x(\tau + \Delta\tau) = x(\tau) + \Delta\tau \cdot \frac{dx}{d\tau}(\tau) + \frac{(\Delta\tau)^2}{2} \cdot \frac{d^2 x}{d\tau^2}(\tau) + O((\Delta\tau)^3)$$

$$= x(\tau) + \Delta\tau \cdot p(\tau) + \frac{(\Delta\tau)^2}{2} \cdot \frac{dp}{d\tau}(\tau) + O((\Delta\tau)^3)$$

$$= x(\tau) + \Delta\tau \cdot \left(p(\tau) + \frac{\Delta\tau}{2} \cdot \frac{dp}{d\tau}(\tau) \right) + O((\Delta\tau)^3)$$

$$= x(\tau) + \Delta\tau \cdot \left(p\left(\tau + \frac{\Delta\tau}{2}\right) + O((\Delta\tau)^2) \right) + O((\Delta\tau)^3)$$

$$= x(\tau) + \Delta\tau \cdot p\left(\tau + \frac{\Delta\tau}{2}\right) + O((\Delta\tau)^3) \tag{6.64}$$

となるので，リープフロッグでの $x(\tau)$ の時間発展 $x(\tau) + \Delta\tau \cdot p\left(\tau + \frac{\Delta\tau}{2}\right)$ は厳密な時間発展を $O((\Delta\tau)^3)$ の誤差で近似できていることがわかります．$p(\tau)$ の時間発展についても，同様の計算で誤差が $O((\Delta\tau)^3)$ であることを示せます．

6.4 $0 \le y \le 1$ の一様乱数 y を $x = -\log y$ と変数変換します．

6.5 表記を簡単にするため，1 変数の場合を考えます．多変数の場合もほとんど同じです．

一般に，$(x, p) \to (x', p')$ という変換に伴うヤコビアン J は次のような行列式です：

$$J = \det \begin{pmatrix} \frac{\partial x'}{\partial x} & \frac{\partial p'}{\partial x} \\ \frac{\partial x'}{\partial p} & \frac{\partial p'}{\partial p} \end{pmatrix} = \frac{\partial x'}{\partial x}\frac{\partial p'}{\partial p} - \frac{\partial p'}{\partial x}\frac{\partial x'}{\partial p}. \tag{6.65}$$

この行列式がリープフロッグ法の各ステップで 1 になっていることは簡単に分かります．$(x, p) \to (x', p') = (x + p\Delta\tau, p)$ というステップでは $J = 1 \cdot 1 - 0 \cdot \Delta\tau = 1$ ですし，$(x, p) \to (x', p') = (x, p - \frac{\partial S}{\partial x}\Delta\tau)$ というステップでは $J = 1 \cdot 1 + \frac{\partial^2 S}{\partial x^2}\Delta\tau \cdot 0 = 1$ です．リープフロッグ法による時間発展全体のヤコビアンは各ステップのヤコビアンの積なので，これもまた 1 です．

6.6 N_τ と τ_{fin} の値を指定すると，自己相関長 $w(N_\tau, \tau_{\mathrm{fin}})$ が評価できます．独立な配位を一つ得るために必要な計算コストは $N_\tau \times w(N_\tau, \tau_{\mathrm{fin}})$ に比例するので，この量が小さくなるように N_τ と τ_{fin} の値を選びます．

Chapter 7

マルコフ連鎖モンテカルロ法の
応用例

　マルコフ連鎖モンテカルロ法の応用分野は多岐に渡ります．分野の詳細にかかわらず適用できる汎用性の高さがマルコフ連鎖モンテカルロ法の魅力の一つです．もちろん，マルコフ連鎖モンテカルロ法が応用される各分野にはその分野ごとの特性があります．効率の良い解析を行うためには，基本を押さえた上で，分野の特性に合わせた工夫をする必要があります．この時，何が土台で何がその分野の特性なのかを理解することが大切です．

　そこで，この章では，マルコフ連鎖モンテカルロ法がどのように応用されるかをいくつかの具体例に沿って紹介します．

　7.1 節では，統計学，特にベイズ統計への応用を説明します．内容は基礎的なものにとどめますが，統計の勉強をしている方にとっては，これまで解説してきたマルコフ連鎖モンテカルロ法との関連がより明確になるはずです．これからこの分野を学ぶ方のために，ベイズ統計の基本的な考え方も解説します．

　7.2 節では，大学の物理の授業の定番中の定番であるイジング模型を調べます．理学，工学系の方にとっては親しみやすい例だと思います．物理の例は自然現象と直結しているので，マルコフ連鎖モンテカルロ法の実用上の様々な注意点がより直観的に理解できるようになるでしょう．イジング模型に代表される二次相転移を起こす系では，自己相関が大きくなって正しい答えを得るためにかかる時間が長くなってしまう**臨界減速**という現象が起きます．このような場面で有効な**クラスター法**を紹介します．

　7.3 節では，巡回セールスマン問題を題材に，組み合わせ最適化問題へのマルコフ連鎖モンテカルロ法の応用を解説します．組み合わせ最適化問題に素朴なマルコフ連鎖モンテカルロ法を適用すると，間違った配位の周りに長時間留まってしまうことがあります．ここでは，このような場面に有効な（こともある）**焼きなまし法**，そして，それを改良した**レプリカ交換法**を紹介し

ます．これらの方法は，応用分野に関係なく，局所的な停留点があるようなケースを扱う時に有効です．

7.4 節では素粒子物理学への応用を紹介します．様々な技巧を駆使し，スーパーコンピューターを用いた大規模なシミュレーションが実行されている分野ですが，その基本は同じです．ここでは，巨大な行列の逆行列を扱うために開発された **RHMC(Rational Hybrid Monte Carlo)** アルゴリズムを紹介します．

7.1 尤度とベイズ統計

この節では，マルコフ連鎖モンテカルロ法の統計学への応用例を紹介します．関連する日本語の文献としては文献 [17,18,19,20] などが挙げられます．

7.1.1 「もっともらしさ」を定義する

マルコフ連鎖モンテカルロ法をベイズ統計に応用する時には，何を変数と思い，何をパラメーターと思うのかで混乱しがちです．まずは基礎を固めることにしましょう．

一例としてコイン投げを考えます．通常，コイン投げをしたら「表と裏が同じ確率で現れる」とするのが「もっともらしい」仮定です．ところが，実際に投げてみたところ，10 回投げたら 9 回表が出たとしましょう．こうなると，このコインには何か細工が施されているのではないかと疑いたくなるのが人情です．10 回のコイン投げでは合計 $2^{10} = 1024$ 通りの結果があり得ますが，裏が一回だけというのはこのうちの 10 通りだけなので，表と裏の出る確率が半々だと仮定したら確率は約 1% しかありません．イカサマだと断定するには早いかも知れませんが，その可能性を検討するに値する状況です．このコインを投げた時に表が出る確率 p はどのくらいと推定できるでしょうか？　直観的には $p = \frac{9}{10}$ だと思うかも知れません．確かにそれは「もっともらしい」ですが，この直観は**定量的**にどの程度正しいでしょうか？　このような疑問に答えるための論理的枠組みを構築することにしましょう．

表が出る確率を p としているので，10 回中 9 回が表になる確率は，

$$10p^9(1-p) \tag{7.1}$$

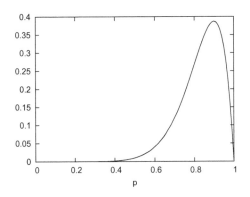

図 7.1　10 回中 9 回が表になる確率 $10p^9(1-p)$ のプロット.

です. これを p の関数としてプロットすると図 7.1 のようになり, $p = \frac{9}{10}$ で最大値（約 0.39）を取ります.「表が出る確率は 0.9」と結論するのはそれなりにもっともらしそうです. 一方, $p = \frac{1}{2}$ だったとすると, この現象が実現する確率は約 0.01 なのであまりもっともらしくありません. ですが, 確実に $p = 0.9$ と結論できるかというとそうでもなくて, $p = 0.8$ から $p = 0.95$ 辺りであれば $10p^9(1-p)$ の値は十分に大きく, それなりのもっともらしさがあります.

　そこで, ここで計算した「仮に表が出る確率が p だったとした時に, 実際に起きた『表が 9 回出る』という現象が起こる確率 $10p^9(1-p)$」を「もっともらしさ」を定量的に特徴付ける指標として採用し, **尤度**（ゆうど, likelihood）と呼びます.

　もっと一般的に, 10 回中 k 回が表になる確率は,

$$P(k|p) = \binom{10}{k} \cdot p^k(1-p)^{10-k} = \frac{10!}{k!(10-k)!} \cdot p^k(1-p)^{10-k} \quad (7.2)$$

です [*1]. 表の出る確率が p であると仮定したことを強調するために $P(k|p)$ という記号を用いました. この $P(k|p)$ が,「10 回中 k 回が表だった」という結果がすでにある時の尤度です. 尤度が最も大きくなるような p の値が一番もっともらしい（最も尤もらしい）だろうと考えるのが**最尤法**です.

[*1]　組み合わせの数 $\binom{n}{k}$ は日本の高校数学では $_nC_k$ と書かれるのが普通です. 具体的な値は $\binom{n}{k} = \frac{n!}{(n-k)!k!}$ で与えられます. 表と裏の出る順番も指定した場合にはこの因子はなくなります. いずれにせよ, p には依存しない定数なので以下では無視します.

　このように，尤度というのは，実際にある現象が起きた時に，その現象が起こる確率として定義されます．普通の確率と違うのは，現象を特徴付けている量（今の場合なら「表が出る確率」p）を変数とみなす点です．「確率」と「尤度」は同じ関数ですが，その解釈が異なります．

- 表の出る確率 p が与えられていると思うと，$P(k|p)$ は 10 回中 k 回表が出る「確率」
- 10 回中 k 回表だったという結果がすでに与えられており，そこから表の出る確率を逆算したいと思うと，$P(k|p)$ は表の出る確率が p であるという推測のもっともらしさを表す「尤度」

　紛らわしいと感じるようであれば，確率を $P(k|p)$，尤度を $L(p|k)$ といったように別々の記号を用いると良いかも知れません [*2]．この本では $P(k|p)$ だけを用いて説明していきます．

　同じ考え方は確率分布にも適用できます．例としてガウス分布

$$\rho(x|\mu,\sigma) = \frac{e^{-\frac{1}{2}\frac{(x-\mu)^2}{\sigma^2}}}{\sqrt{2\pi\sigma^2}} \tag{7.3}$$

を考えてみましょう．ここでは，後で尤度を考える時に便利なように，「μ と σ が指定されている」ということを強調して $\rho(x|\mu,\sigma)$ と書きました．このガウス分布に従って n 個の乱数を生成すると，$x_1, x_2, \cdots, x_n$ が得られる確率は

$$
\begin{aligned}
P(x_1, \cdots, x_n|\mu,\sigma) &= \rho(x_1|\mu,\sigma) \times \rho(x_2|\mu,\sigma) \times \cdots \times \rho(x_n|\mu,\sigma) \\
&= \prod_{i=1}^{n} \rho(x_i|\mu,\sigma)
\end{aligned} \tag{7.4}
$$

となります．

　「n 回乱数を振ったら $x_1, \cdots, x_n$ が出た」という結果がすでにある時，$P(x_1, \cdots, x_n|\mu,\sigma)$ を μ と σ の関数として見れば，$P(x_1, \cdots, x_n|\mu,\sigma)$ が大きいほどもっともらしいと思えるので，確率 $P(x_1, \cdots, x_n|\mu,\sigma)$ は尤度とも解釈できます．

　伝統的な統計学では，コインの場合の p やガウス分布の場合の μ, σ は（仮にわからなかったとしても，原理的には）決まっているものと思い，その上

[*2]　$P(p|k)$ と書くと $P(k|p)$ とは違う量を意味します．式 (7.23) を参照して下さい．

で現象が起こる確率を評価します．p の値を推測したければ最尤法などを用います．7.1.3 節で説明するベイズ統計では，「p の確率分布」という概念を許容します．そして，尤度とベイズの定理を組み合わせて p の確率分布を推測していきます．

　ここまでの議論は $P(k|p)$ や $P(x_1, \cdots, x_n|\mu, \sigma)$ のように尤度の関数形がわかっていることを前提にしていますが，現実の場面では，k や $\{x_i\}$ のようなデータが与えられても，それがどんな尤度関数から生じたのかはわからないことがほとんどです．そのような場合，「もっともらしい関数形」を自分で見つける必要があります．これから説明するやり方（特にメトロポリス法やHMC 法）はガウス分布以外の尤度関数にも応用できるので，いろいろな関数形を仮定して尤度を計算し，ある程度大きな尤度が得られることを「もっともらしさ」の基準の一つとするのが自然な戦略になります．

● 最小二乗法との関係

　実験データのフィットに用いられることが多い最小二乗法は最尤法の一種です．

　パラメーター $\vec{x}$ によって定められている理論があったとしましょう．例えば，7.2 節で説明するイジング模型なら，格子の大きさ n，温度 T，結合定数 J，外部磁場 h が $\vec{x}$ に相当します．この理論を用いて，K 個の異なるパラメーター点 $\vec{x}_1, \cdots, \vec{x}_K$ で物理量（例えばイジング模型のエネルギー E）を測定し，$y_1, \cdots, y_K$ という結果を得たとし，これを $y = f(\vec{x}; \mu_1, \mu_2, \cdots)$ という関数でフィットしたいとします．イジング模型の例であれば，$E = \mu_1 T^{\mu_2}$ といったものを想像して下さい．$\mu_1, \mu_2, \cdots$ はフィットに用いるパラメーターです．これらをどう決めるかの指針を与えるのが最小二乗法です．最小二乗法では，

$$\sum_{k=1}^{K} \left(y_k - f(\vec{x}_k; \mu_1, \mu_2, \cdots) \right)^2 \tag{7.5}$$

が最小になるように $\mu_1, \mu_2, \cdots$ を選びます．

　2.1.2 節で見たように，実験誤差はガウス分布をすることが多いので，ガウス分布を仮定してしまいましょう．このガウス分布の幅は各 $\vec{x}_k$ での測定値 y_k のエラーバー σ_k で，ジャックナイフ法などを用いて求めることができます．すると，パラメーター $\mu_1, \mu_2, \cdots$ を固定した時に $y_1, \cdots, y_K$ が実験結

果として得られる確率は

$$P(y_1, \cdots, y_K | \mu_1, \mu_2, \cdots) = \prod_{k=1}^{K} P_{\sigma_k, \vec{x}_k}(y_k | \mu_1, \mu_2, \cdots), \quad (7.6)$$

$$P_{\sigma_k, \vec{x}_k}(y_k | \mu_1, \mu_2, \cdots) = \frac{1}{\sqrt{2\pi}\sigma_k} e^{-\frac{(y_k - f(\vec{x}_k; \mu_1, \mu_2, \cdots))^2}{2\sigma_k^2}} \quad (7.7)$$

と書けます. これを尤度と解釈しましょう. 最尤法では尤度を最大にするように $\mu_1, \mu_2, \cdots$ を選ぶのでしたが, これは

$$\sum_{k=1}^{K} \frac{(y_k - f(\vec{x}_k; \mu_1, \mu_2, \cdots))^2}{\sigma_k^2} \quad (7.8)$$

を最小化するのと同じことです.

　分散が評価できていない場合, とりあえず $\sigma_1 = \cdots = \sigma_K = \sigma$ のように分散は全て共通であると仮定してしまいましょう. すると, σ の値に依らず, (7.8) の最小化は (7.5) の最小化に帰着します. このような意味で, 最小二乗法は最尤法の一種と解釈できます. 分散 σ_k も考慮に入れて (7.8) を最小化する手法は重み付き最小二乗法と呼ばれます.

7.1.2　尤度の計算　～ガウス分布を例に

　それでは, ガウス分布の場合について, マルコフ連鎖モンテカルロ法を使って尤度を計算してみましょう.

● 一変数の場合

　まずは簡単な一変数の場合です. 乱数の組 $\{x_i\}$ が与えられたとしましょう. この乱数がガウス分布 $\rho(x|\mu, \sigma)$ から得られたものであることはわかっている（または仮定している）けれども分布のパラメーターである平均値 μ と分散 σ は知らないものとします. この場合に与えられた乱数の組 $\{x_i\}$ から逆に μ と σ を推定しようというのが今の問題の趣旨です.

　$x_1, x_2, \cdots, x_n$ の n 個のデータ点が与えられたとします. 平均値 μ, 分散 σ のガウス分布からこの n 個の乱数が生じる確率は (7.3), (7.4) で与えられます. これを μ と σ の関数と考えて「$\{x_i\}$ がパラメーター μ と σ から実現されるという仮定のもっともらしさ」と解釈するのが尤度なのでした.

　マルコフ連鎖モンテカルロ法を使うために, $P(x_1, \cdots, x_n | \mu, \sigma) \quad \propto$

$e^{-S(x_1,\cdots,x_n|\mu,\sigma)}$ によって作用関数 $S(x|\mu,\sigma)$ を定義しましょう. 今の例なら,

$$S(x_1,\cdots,x_n|\mu,\sigma) = \sum_{i=1}^{n} \frac{(x_i - \mu)^2}{2\sigma^2} + n\log\sigma$$

$$= \frac{n}{2\sigma^2}\mu^2 - \frac{\sum_{i=1}^{n} x_i}{\sigma^2}\mu + \frac{\sum_{i=1}^{n} x_i^2}{2\sigma^2} + n\log\sigma$$

$$= n\left(\frac{1}{2\sigma^2}(\mu - \bar{x})^2 + \frac{1}{2\sigma^2}\left(\overline{x^2} - \bar{x}^2\right) + \log\sigma\right) \tag{7.9}$$

です. ただし, $\bar{x} \equiv \frac{1}{n}\sum_{i=1}^{n} x_i$, $\overline{x^2} \equiv \frac{1}{n}\sum_{i=1}^{n} x_i^2$ はそれぞれ x_i と x_i^2 の平均値です. $n\log\sigma$ は規格化因子 $(2\pi\sigma^2)^{-n/2}$ に起因します.

この式だけからでもある程度の情報は得られます. まず, n が無限大の極限では最小値しか寄与しなくなり, $\mu = \bar{x}$, $\sigma = \sqrt{\overline{x^2} - \bar{x}^2}$ となります[*3]. サンプル数 n が無限大であればサンプルが分布そのものになるので, サンプルの平均と分散が求めたい平均と分散に一致するのは当たり前です. n が有限の時には μ, σ の分布が $\frac{1}{\sqrt{n}}$ 程度の幅を持つようになります. 大雑把に言うなら, この幅が統計誤差です.

作用が与えられれば, マルコフ連鎖モンテカルロ法でたちどころに尤度を計算できます. この例なら, これまでに説明して来たメトロポリス法, HMC法, ギブスサンプリング法のどれを使っても簡単です.

メトロポリス法と HMC 法は, もっと複雑な分布に対しても適用できるだけでなく, それほど頭を使わないでプログラムが書けるという点でも非常に優れています. 実際, メトロポリス法を使うなら何の工夫も要りません. 4.1 節で紹介したアルゴリズムをそのまま適用するだけです. HMC 法も, $S(x_1,\cdots,x_n|\mu,\sigma)$ の μ と σ での微分がそれぞれ

$$\frac{\partial S}{\partial \mu} = \frac{n(\mu - \bar{x})}{\sigma^2},$$

$$\frac{\partial S}{\partial \sigma} = n\left(-\frac{1}{\sigma^3}(\mu - \bar{x})^2 - \frac{1}{\sigma^3}\left(\overline{x^2} - \bar{x}^2\right) + \frac{1}{\sigma}\right) \tag{7.10}$$

であることを使えば, あとは 6.1 節で紹介した通りの方法で簡単に実行できます. ただし, メトロポリス法と HMC 法を使う時は, 効率の良い計算をす

[*3] S が最小となる μ, σ では $\frac{\partial S}{\partial \mu} = \frac{\partial S}{\partial \sigma} = 0$ なので, (7.10) の右辺がゼロになるような μ, σ を見つければ良いです.

るためにパラメーターの調整が必要なので，その点では面倒です．

ギブスサンプリング法は，プログラムを書くのは大変ですが，パラメーター調節の手間がありません．類似の問題を何度も解かなければならない場合やすでに誰かの書いたプログラムをそのまま使える場合にはギブスサンプリング法が便利です．今の例では，μ に関してはガウス分布になっているので，6.2 節で説明したように，σ を固定して μ を更新する時にはボックス・ミューラー法が使えます．一方，σ の更新は面倒なので，あまり拘らず，メトロポリス法か HMC 法を使った方がすっきりするでしょう．6.4 節で説明したように，異なるアルゴリズムを組み合わせても問題ありません．

● 多変数の場合

多変数の場合も考え方は同じです．d 変数のガウス分布

$$
\rho(x_1, \cdots, x_d | A, \mu)
$$
$$
= \sqrt{\frac{\det A}{(2\pi)^d}} \cdot \exp\left(-\frac{1}{2} \sum_{i,j=1}^{d} A_{ij}(x_i - \mu_i)(x_j - \mu_j) \right) \tag{7.11}
$$

を仮定します．n 組のデータ $\{x^{(k)}\} = (x_1^{(k)}, \cdots, x_d^{(k)})\ (k = 1, 2, \cdots, n)$ が与えられたとすると，尤度関数は

$$
P(\{x^{(1)}\}, \cdots, \{x^{(n)}\} | A, \mu) = \prod_{k=1}^{n} \rho(x_1^{(k)}, \cdots, x_d^{(k)} | A, \mu)
$$
$$
= \left(\frac{\det A}{(2\pi)^d} \right)^{n/2} \exp\left(-\frac{1}{2} \sum_{k=1}^{n} \sum_{i,j=1}^{d} A_{ij}(x_i^{(k)} - \mu_i)(x_j^{(k)} - \mu_j) \right) \tag{7.12}
$$

となります．

対応する作用関数は $P(\{x^{(1)}\}, \cdots, \{x^{(n)}\} | A, \mu) \propto e^{-S(\{x^{(1)}\}, \cdots, \{x^{(n)}\} | A, \mu)}$ によって定義されて，

$$
S(\{x^{(1)}\}, \cdots, \{x^{(n)}\} | A, \mu)
$$
$$
= \frac{1}{2} \sum_{k=1}^{n} \sum_{i,j=1}^{d} A_{ij}(x_i^{(k)} - \mu_i)(x_j^{(k)} - \mu_j) - \frac{n}{2} \log \det A
$$

$$= \frac{n}{2} \sum_{i,j=1}^{d} A_{ij} \mu_i \mu_j - \sum_{k=1}^{n} \sum_{i,j=1}^{d} A_{ij} x_i^{(k)} \mu_j + \frac{1}{2} \sum_{k=1}^{n} \sum_{i,j=1}^{d} A_{ij} x_i^{(k)} x_j^{(k)} - \frac{n}{2} \log \det A$$

$$= \frac{n}{2} \sum_{i,j=1}^{d} A_{ij} \left(\mu_i \mu_j - 2\bar{x}_i \mu_j + \overline{x_i x_j} \right) - \frac{n}{2} \log \det A$$

$$= \frac{n}{2} \left\{ \sum_{i,j=1}^{d} A_{ij} \left(\mu_i - \bar{x}_i \right) \left(\mu_j - \bar{x}_j \right) + \sum_{i,j=1}^{d} A_{ij} \left(\overline{x_i x_j} - \bar{x}_i \bar{x}_j \right) - \log \det A \right\}$$

$$(7.13)$$

となります．ここまで来れば，マルコフ連鎖モンテカルロ法を用いて尤度の計算ができます．

ここでは HMC 法を使った計算を解説しましょう．

$$\log \det A = \mathrm{Tr} \log A \tag{7.14}$$

および

$$\frac{\partial \mathrm{Tr} \log A}{\partial A_{ij}} = \left(A^{-1} \right)_{ji} \tag{7.15}$$

という公式を用います（導出は付録 B を参照して下さい）．すると [4]

$$\frac{\partial S}{\partial A_{ij}} = \frac{n}{2} \left\{ \left(\mu_i \mu_j - \bar{x}_i \mu_j - \bar{x}_j \mu_i + \overline{x_i x_j} \right) - (A^{-1})_{ij} \right\} \tag{7.16}$$

および

$$\frac{\partial S}{\partial \mu_i} = n \sum_{j=1}^{d} A_{ij} \left(\mu_j - \bar{x}_j \right) \tag{7.17}$$

が得られます．

この評価をする時に一番面倒なのは逆行列 $\left(A^{-1} \right)$ の計算でしょう．d がそれほど大きくなければ，逆行列は手計算でも導けます．例えば $d = 2$ であれば

---

[4] A_{ij} と A_{ji} が独立な場合の式を書きました．以下でも同様です．いま考えている例では $A_{ij} = A_{ji}$ なので，厳密には，$i \neq j$ では 2 倍する必要があります．同じ 2 倍の因子は $p^{(A)}$ の所でも出てきて，シミュレーションに用いるハミルトン方程式には影響しません．

$$A^{-1} = \frac{1}{A_{11}A_{22} - A_{12}A_{21}} \begin{pmatrix} A_{22} & -A_{12} \\ -A_{21} & A_{11} \end{pmatrix} \tag{7.18}$$

です．$d \geq 3$ の場合も逆行列を計算する方法は知られていますし，LAPACK のような線型代数ライブラリを活用しても良いでしょう．

ここまで来れば，残る手続きは6.1節で説明した通りです．まず，変数 A_{ij}, μ_i に対応して「運動量」$p_{ij}^{(A)}$, $p_i^{(\mu)}$ を導入します．もちろん，A が実対称行列なので p_{ij} も実対称行列です．ハミルトニアンは

$$H(p^{(A)}, p^{(\mu)}, A, \mu) = \frac{1}{2} \sum_{i,j=1}^{d} (p_{ij}^{(A)})^2 + \frac{1}{2} \sum_{i=1}^{d} (p_i^{(\mu)})^2 + S(A, \mu) \tag{7.19}$$

と取ります．$p_{ij}^{(A)} = p_{ji}^{(A)}$ なので，$\frac{1}{2}\sum_{i,j}(p_{ij}^{(A)})^2 = \frac{1}{2}\sum_i (p_{ii}^{(A)})^2 + \sum_{i<j}(p_{ij}^{(A)})^2$ となることに注意して下さい．このことから，$i \neq j$ の時は $p_{ij}^{(A)} = p_{ji}^{(A)}$ は幅 $\frac{1}{\sqrt{2}}$ のガウス乱数に取らなければならないことがわかります．$p_{ii}^{(A)}$ と $p_i^{(\mu)}$ は以前の例と同じで幅 1 に取ります．運動量の規格化に注意しなければいけないことを除けば，以前の例と同じです．ハミルトン方程式は

$$\frac{dp_{ij}^{(A)}}{d\tau} = -\frac{n}{2}\left\{(\mu_i\mu_j - \bar{x}_i\mu_j - \bar{x}_j\mu_i + \overline{x_i x_j}) - (A^{-1})_{ij}\right\}, \tag{7.20}$$

$$\frac{dA_{ij}}{d\tau} = p_{ij}^{(A)}, \tag{7.21}$$

$$\frac{dp_i^{(\mu)}}{d\tau} = -n\sum_{j=1}^{d} A_{ij}(\mu_j - \bar{x}_j), \qquad \frac{d\mu_i}{d\tau} = p_i^{(\mu)} \tag{7.22}$$

となります．

ここでふと疑問に思った方はいないでしょうか？　分布がガウス分布になるためには行列 A は正定値（全ての固有値が正）でなければなりません．一方，HMC 法ではハミルトン方程式に従って A_{ij} が動きますが，この時に，負の値の固有値を持つ意味のない配位まで取り込んでしまう危険はないでしょうか？

良い指摘ですが，実はこの心配はほとんどありません．実際，初期条件として正定値行列を採用すると，固有値が負になる前に $\det A = 0$ という領

域を通過する必要があります．ところが，$\det A = 0$ の時は作用の値が無限大になるので，その実現確率はゼロ．例えるなら，無限に高い壁が立ちはだかっているような状況です．HMC 法は古典力学の運動方程式を真似して時間発展するように設計されているので，$\det A = 0$ 周辺の配位に向けて時間発展する可能性はほとんどなく，仮にその方向に時間発展したとしても，無限に高い壁である $\det A = 0$ を越えることはできないので，正定値性が壊れることはまずありません．ここで「まず」と言ったのは，HMC 法では離散的な時間発展をするために，ステップサイズを非常に大きく取った時には，偶然が重なって $\det A = 0$ の壁をジャンプしてしまう可能性がゼロではないからです．大きなステップサイズを使いたい事情がある時には，念のため，更新するごとに行列 A の正定値性をチェックするルーチンを入れておくと安心です．

　行列 A が大きくなると，逆行列や行列式を求めるために必要な計算量が大きくなってしまうため，別のケアが必要です．とは言え，行列サイズが数百程度であれば，先ほど名前だけ登場した LAPACK のような数値計算ライブラリを使うだけで事足りることがほとんどです．仮にもっと巨大な行列を扱う必要があったとしても，サンプルの性質に関して予め知っている事実を用いたり，データに適切な前処理をしたりして A が疎行列（多くの成分がゼロであるような行列）に変形できるような状況であれば，それらの情報を使って計算量を節約できるでしょう．後で紹介する素粒子物理学の分野では巨大な行列の逆行列を取り扱う必要があり，計算量を減らすために様々な工夫がなされています．ケースバイケースですが，もしもそのような手法が応用できるようであれば積極的に活用するべきでしょう．

7.1.3　ベイズ統計

　ところで，単純に尤度が大きければもっともらしいと思うのは少々無理があるかもしれません．7.1.1 節で議論した「コイン投げで 10 回中 9 回が表だった」という例の場合，尤度が最大になるのは表が出る確率 p が $\frac{9}{10}$ の時でした．しかし，$p = \frac{9}{10}$ というのはある意味もっともらしくない値です．いくら何でも大きすぎる気がします．筆者達が細工をする立場であれば，$p = \frac{9}{10}$ だとさすがにあからさますぎてバレるのではないか.....と不安になるレベルです．そもそも，普通，投げる前は半々くらいだろうと思っているのです．そのつもりで 10 回投げた結果 9 回表が出たのでおかしいと思ったわけで，そ

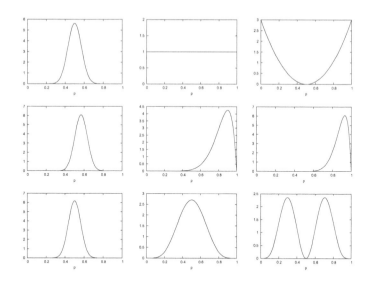

図 7.2　事前分布の例（上列）と事後分布の例（中列：$k = 9$，下列：$k = 5$）．左から順に，事前分布 $P(p) \propto e^{-100\left(x-\frac{1}{2}\right)^2}$，$P(p) = 1$，$P(p) \propto \left(p - \frac{1}{2}\right)^2$ に対応．

の結果を即座に真に受けて「このコインは 9 割表が出るイカサマコインだ」と決めつけるのはあまりに短絡的です．「最初は半々だと思っていたけれども，9 回も表が出たことを考えると，少し認識を変更した方が良いかも知れない」というあたりが現実的なのではないでしょうか．このような考え方をきちんと数学的に取り扱うために，表が出る確率 p の分布，同じことですが「『表が出る確率が p』である確率」$P(p)$ を考えることにしましょう．このような概念を許容し，すぐ後で述べるベイズの定理を用いて推測していくのがベイズ統計学のアプローチです．

　そこで，「10 回中 9 回が表だった」という結果が出る前の段階で，表が出る確率 p の分布 $P(p)$ にある程度推測が付いていたとします．これを**事前分布**と呼ぶことにします．まだコイン投げをする前なので「事前」分布と呼んでいます．例えば次のような事前分布が考えられるでしょう．

- $P(p) \propto e^{-M\left(p-\frac{1}{2}\right)^2}$（図 7.2 左上）．$M$ の値が大きいほど分布は $p = 1/2$ に集中します．図 7.2 左上では $M = 100$ としています．恐らくイカサマしていないだろう，仮にイカサマをしたとしてもそんなに極端に $\frac{1}{2}$ からず

らさないだろう，という至極常識的な推測で，M の値が信頼の大きさに相当します．ちなみに，$M = \infty$ となると，分布は $p = \frac{1}{2}$ 以外に値を持たない，いわゆるディラックのデルタ関数 $P(p) = \delta\left(p - \frac{1}{2}\right)$ になります．絶対の信頼です．

- $P(p) = 1$（図 7.2 中上）．どのような p も同程度に想定できると言っています．少々不信感があるようです．
- $P(p) \propto \left(p - \frac{1}{2}\right)^2$（図 7.2 右上）．$p = \frac{1}{2}$ では $P(p) = 0$ なので，100% イカサマしているはずだと言っています．不信感に満ち溢れた推測です．

では，コインを 10 回投げたとしましょう．その結果，（今回は 9 回に限らず）k 回表が出たとします．この結果を受けて，p の分布の推測値がどのように変わったかを考えます．そのために尤度 $P(k|p)$ の定義を思い出しましょう．尤度は「表が出る確率が p だった時に，表が k 回出る確率」なのでした．いわゆる条件付き確率です．コインを投げる前には，「表が出る確率が p である確率」は事前分布 $P(p)$ だと思っていました．ということは，「k 回表が出た」という条件の下で，「表が出る確率が p である確率」は，尤度と事前分布の積に比例すると考えるのが自然に思えます[*5]．そこで，規格化因子を $P(k)$ と書き，新しい結果を知った後の p の分布，**事後分布** $P(p|k)$ を次のように定義しましょう：

$$P(p|k) = \frac{P(k|p) \cdot P(p)}{P(k)}. \tag{7.23}$$

ここで，規格化因子 $P(k)$ は $P(k) = \int dp P(k|p) \cdot P(p)$ で定義されます（この関係式の数学的な正当化は後ほど 7.1.4 節で与えます）．このようにして実験結果を反映させて分布を改善することをベイズ更新と呼びます．先ほど挙げた $P(p)$ の例で，$k = 9$ と $k = 5$ の場合に事後分布 $P(p|k)$ がどうなるかを見てみましょう．

- $P(p) \propto e^{-M\left(p - \frac{1}{2}\right)^2}$（$M = 100$）の時，$k = 9$ であれば $P(p|k)$ の中心は少し右に寄ります（図 7.2 左中）．ただ，まだ $\frac{1}{2}$ からそれほど離れてはおらず，疑いはそれほど大きくありません．$k = 5$ だとほとんど違いがわからないかもしれませんが，分布の中心は $p = \frac{1}{2}$ のままで，分布幅が少し狭く

[*5] 後ほど述べますが，条件付き確率の定義，$P(A|B) = \frac{P(A, B)}{P(B)}$ の直接の帰結であると言っても構いません．

なり，$p = \frac{1}{2}$ での値が大きくなっています（図7.2左下）．少しだけですが信頼が増したと言えます．なお，$M = \infty$ という絶対の信頼がある場合は，どんな結果が出ても信頼は揺らぎません．$P(p|k) = P(p)$ のままです．

- $P(p) = 1$ なら，$P(p|k) = \frac{P(k|p)}{P(k)}$ となります．$P(k)$ は単なる規格化因子なので，$P(p|k) \propto P(k|p)$ です（図7.2中列と下列の中央）．どんな値が出ても驚かないと思っていたので，尤度がそのまま新しい推定値になりました．

- $P(p) \propto \left(p - \frac{1}{2}\right)^2$ の場合，$k = 9$ での事後分布は $P(p) = 1$ の時のそれと似ていますが，当初から不信感が強かったことを反映し，より右寄りの分布になっています（図7.2右中）．この場合は k の値が何であっても $p = \frac{1}{2}$ では $P(p|k) = 0$ であることに注意しましょう．実際，$k = 5$ の時の事後分布は図7.2右下のようになります．始めから100%イカサマしていると思っているので，仮にイカサマらしくない結果（$k = 5$）が出ても，「バレたくないからもっともらしい結果を出したんだろう，騙されてたまるか」などと考えている，と解釈できる結果です．ただ，それでも，事前分布と比べると事後分布の方が真ん中寄りになっているので，それほど極端なイカサマはしていないだろうと思い直したとは言えます．

「10回中 k 回が表だった」という結果に基づいて事後分布 $P(p|k)$ が得られたということは，実験結果に基づいて p の分布についての推測の精度を向上させられたと解釈できます．改善された推測に基づいて，いろいろな計算ができます．例えば，表が2回続く確率は実験する前には

$$\int_0^1 dp P(p) \times p^2 \tag{7.24}$$

と推測されましたが，実験後には

$$\int_0^1 dp P(p|k) \times p^2 \tag{7.25}$$

と推測されます．

実験を繰り返せば，推測の精度をさらに向上させることが可能です．コイン投げを10回追加して表が k' 回出たとすると，$P(p|k)$ を事前確率と思い直し，新しい事後分布 $P(p|k', k)$ を

$$P(p|k', k) = P(k'|p) \cdot P(p|k)/(\text{規格化因子}) \tag{7.26}$$

表 7.1　日本シリーズの勝敗表

	ランダムウォーク	実際の結果
1950 - 1959	セ 6 -パ 4	セ 5 -パ 5
1960 - 1969	セ 6 -パ 4	セ 8 -パ 2
1970 - 1979	セ 5 -パ 5	セ 6 -パ 4
1980 - 1989	セ 2 -パ 8	セ 5 -パ 5
1990 - 1999	セ 2 -パ 8	セ 5 -パ 5
2000 - 2009	セ 5 -パ 5	セ 5 -パ 5
2010 - 2019	セ 1 -パ 9	セ 1 -パ 9
1950- 2019	セ 27 -パ 43	セ 35 -パ 35

として計算できます．さらに $P(p|k'', k', k)$, $P(p|k''', k'', k', k)$, と更新していくことができるのは明らかでしょう．

コイン投げとほとんど同じ例として，3.1 節で紹介した日本シリーズとランダムウォークの比較を再び例にとってみましょう．この場合は「コインに細工が施されている」を「セリーグかパリーグのどちらかが強い」と読み変えます．勝敗表は表 7.1 のようになっていました．

事前分布は $P(p) = 1$ とし，n 回のうちセリーグが k 回勝った場合の尤度を $P(p|n, k) = p^k (1-p)^{n-k}$ としてみます（p はセリーグが勝つ確率，すなわち，セリーグの強さに相当します）．実際の歴史での 1950 年から 1959 年までのデータを用いて 1959 年の段階での事後分布を計算すると

$$P_{1959}(p) \propto p^5 (1-p)^5 \tag{7.27}$$

となります．1960 年から 1969 年までの結果（セの 8 勝 2 敗）に基づく尤度関数は $P(p|10, 8) = p^8 (1-p)^2$ なので，

$$P_{1969}(p) \propto p^5 (1-p)^5 \times p^8 (1-p)^2 = p^{13} (1-p)^7 \tag{7.28}$$

となります．

10 年ごとに区切らず 20 年ごとに区切ったとすると，1950 年から 1969 年までの結果（セの 13 勝 7 敗）に基づく尤度関数は $P(p|20, 13) = p^{13} (1-p)^7$ です．これを事前分布 $P(p) = 1$ に掛けると，上の結果（10 年ごとに区切って計算したもの）と全く同じになります．ここで考えている簡単な例では，

$$P(p|n, k) \cdot P(p|n', k') \propto p^k (1-p)^{n-k} \cdot p^{k'} (1-p)^{n'-k'}$$

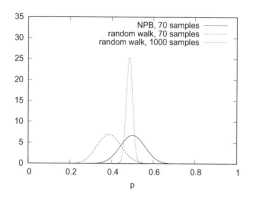

図 7.3 日本プロ野球（NPB）の日本シリーズの勝敗（セ 35 勝–パ 35 勝）を基にし，事前分布を $P(p) = 1$ として推測した p の事後分布と，ランダムウォークの実験結果（セ 27 勝–パ 43 勝，セ 485 勝–パ 515 勝）として推測した事後分布.

$$= p^{k+k'}(1-p)^{(n+n')-(k+k')}$$
$$\propto P(p|n+n', k+k') \tag{7.29}$$

なので，何回かに分けてベイズ更新しても，一回でまとめてベイズ更新しても，結果は同じになります．10 年で区切るか 20 年で区切るかといった恣意的な要素で結果が変わったら困るので，これは望ましい性質であると言って良いでしょう．結果，70 年分の試合結果から得られた事後分布は $P(p|k) \propto p^{35}(1-p)^{35}$ となります．分布の中心は $p = 1/2$ です．

この結果を受けて「セリーグとパリーグは互角」と言って良いでしょうか？ すなわち，この方法でどのくらい正確に p が推定できているでしょう？

これを見るために，ランダムウォークの実験結果（セ 27 勝–パ 43 勝）と実際の結果（セ 35 勝–パ 35 勝）を基にし，事前分布を $P(p) = 1$ として推測した p の事後分布をプロットしてみました（図 7.3）．実際の結果は先ほど述べたように $p = 35/70 = 1/2$ が中心ですが，$p = 1/2$ のランダムウォークで行った実験結果は $p = 27/70 \simeq 0.39$ が中心になりました．これだけ見ると推定値が真の値（$p = 1/2$）からずれているように思えるかも知れませんが，分布幅がそれなりに広いので決して的外れな推測ではありません．統計が少なすぎて推定値を特定しきれないという現象の典型例です．同様に，実際の

試合結果から得られた事後分布の中心が $p = 1/2$ だからといってセリーグとパリーグは互角であると判定するのは少々危険です．当然ながら，ランダムウォークの実験で統計数を増やせば，分布の中心が $p = \frac{1}{2}$ に近づき，分布幅もどんどん狭くなっていきます．参考までに，ランダムウォークを仮定した時の 1000 年分の実験結果（セ 485 勝–パ 515 勝）から計算した事後分布もプロットしてみました．これだけ勝負を重ねれば互角であることが一目瞭然です．ランダムウォークで p を $\frac{1}{2}$ 以外に設定した時にどうなるかは簡単に実験できますので，興味のある方は試してみて下さい．

同じ考え方はより一般の確率分布に適用できます．ガウス分布の場合には

$$P(\mu, \sigma | x_1, \cdots, x_n) = \frac{P(x_1, \cdots, x_n | \mu, \sigma) \cdot P(\mu, \sigma)}{P(x_1, \cdots, x_n)} \tag{7.30}$$

となります．この場合も，$P(x_1, \cdots, x_n | \mu, \sigma) = \prod_{i=1}^{n} \rho(x_i | \mu, \sigma)$ という性質から，何回かに分けてベイズ更新しても一回でまとめてベイズ更新しても同じ結果になります．

7.1.4 ベイズの定理

事後分布の計算で本質的に重要な式 (7.23) は，「数学的に」導出することができ，ベイズの定理と呼ばれています．「数学的に」と括弧を付けたのは，「確率」の意味をきちんと定義する必要があるからです．例えば「コインの表が出る確率」p であれば，コインを何回も投げて表の出た回数を数え，無限回投げる極限を取ることで定義できます*6．表の出る頻度に基づくという意味で**頻度主義**と呼ばれます．式 (7.23) は頻度主義の立場では自然に示されます．

しかし，このような見方では，「（ある特定のコインに対して）p の値が $\frac{1}{2}$ である確率」は 0 か 1 のどちらかなので，一般的な確率分布 $P(p)$ はそもそも定義ができません．p は元々一意的に決まっているものと考えるからです．一方，ベイズ統計の立場では，「コインを 10 回投げたら 9 回表だったから p はこのくらいだろう」という主観的な確率を許容します．主観的な確率の他の例としては，「A さんが犯人である確率」，「B さんが C 大学に合格する確

---

*6　このような言い方をする時にはコイン投げの回数を増やした時にある極限値に収束していくことを暗黙に仮定しているので，「確率というものが存在するのであれば，無限回投げる極限を取ることで確率を求めることができる」と言うとより正確です．数学的に厳密に確率を定義する方法については確率論の専門書（文献 [21] など）を参照して下さい．

率」,「D 党が過半数を獲得する確率」「明後日の正午に雪が降っている確率」などが挙げられます. そして, このような主観的な確率に対しても式 (7.23) を適用します. とはいえ,「同じような証拠が揃っている事件を大量に集めて, A さんと同じ立場の人が犯人であったケースが何件あったかを調べる」,「B さんと模試の点数が同じだった人のうちのどれくらいの割合が C 大学に合格したかを調べる」,「現在の観測網の観測精度の範囲で見分けのつかない気象条件が複数与えられた時に二日後の正午に雪が降っているケースは何件あるかを数える」などといった形で, 少なくとも概念上は頻度主義に焼き直せるのが普通です. 筆者の周りでは, 大抵の人は (少なくとも物理学者の多くは) そのようにして「主観的な確率」というものを理解しているように思えます. そのため, 頻度主義の立場で証明した式を主観的な確率に適用しても自然な結果 (大抵の人にとって自然に思える結果) が得られます. 本書でもそのような立場に立つことにして, 以下では頻度主義の立場で議論を進めます.

コインが何枚もあったとしましょう. 一枚一枚のコインについては, コイン投げを繰り返して「表の出る確率」p を求められます. このようにして求めた p の値をコインに書き込みます. 全てのコインに対してこのような実験をすれば, 表の出る確率 p の分布 $P(p)$ を求められます (各々のコインについては p の値は一意的に決まっていることに注意して下さい).

たくさんのコインの山の中からランダムに一枚を選び, 10 回投げて, 表の回数 k を数えましょう. そして, (k, p) の値をメモします. それが終わったらコインを山に戻し, また一枚をランダムに選び, 10 回投げ, 表の回数 k を数え, k, p の値をメモします. これを何回も繰り返します. 特定の (k, p) の組が出た回数を $n_{k,p}$ としましょう [*7]. $n_{k,p}$ から,「表が出る確率が p のコインが選ばれ, 表が k 回出る確率」$P(k, p)$ が定義できます. k と p が同時に指定されているので, 同時確率と呼びましょう. 定義を真面目に書くと,

$$P(k, p) = \lim_{N \to \infty} \frac{n_{k,p}}{N}, \qquad N = \sum_{k,p} n_{k,p} \tag{7.31}$$

となります.

また, 確率 p のコインを投げた場合だけに話を限って,「p という数字が書

[*7] ここでは p が離散的であると仮定して説明しています. 連続の場合でも, 和を積分に置き換える以外は全く同じ議論ができます.

かれたコインを投げた時，表が k 回出る確率」$P(k|p)$ も定義できます:

$$P(k|p) = \lim_{N \to \infty} \frac{n_{k,p}}{N_p}, \qquad N_p = \sum_k n_{k,p}. \tag{7.32}$$

p の値があらかじめ指定されているので，「条件付き確率」と呼びましょう．規格化因子として現れた N_p は確率 p のコインが選ばれた回数です．同様に，表が k 回出た場合だけに限って，「表が k 回だった時に，コインに書かれた数字が p である確率」$P(p|k)$ も定義できます:

$$P(p|k) = \lim_{N \to \infty} \frac{n_{k,p}}{N_k}, \qquad N_k = \sum_p n_{k,p}. \tag{7.33}$$

これも条件付き確率です．規格化因子として現れた N_k は表が k 回出た回数です．また，p の値は気にしないで k の値だけ見れば，「表が k 回の確率」$P(k)$ が定義できますし，k の値は気にしないで p の値をカウントすれば，先ほど定義した $P(p)$ が再び得られます:

$$P(k) = \lim_{N \to \infty} \frac{\sum_p n_{k,p}}{N} = \lim_{N \to \infty} \frac{N_k}{N}, \; P(p) = \lim_{N \to \infty} \frac{\sum_k n_{k,p}}{N} = \lim_{N \to \infty} \frac{N_p}{N}. \tag{7.34}$$

以上から，同時確率 $P(k,p)$ は，

$$P(k,p) = P(p|k)P(k) \tag{7.35}$$

とも

$$P(k,p) = P(k|p)P(p) \tag{7.36}$$

とも表せることがわかります．この二つの式を組み合わせると

$$P(k|p)P(p) = P(p|k)P(k) \tag{7.37}$$

がわかります．これは (7.23) と等価です．

　ベイズの定理はこのようにして数学的にきちんと証明できますが，それをどのように解釈するかは統計の専門家の間で意見が別れるところです．いわゆるベイズ主義と呼ばれる流儀では，「主観的な確率」という考え方を許容して，ベイズの定理は実験結果を受けて主観的な確率を改善していくための道具であると考えます．このような考え方の正当性は証明すべきものでも証明できるものでもありません．これを自然と思える人は多いでしょうし，きちんと使えば実際の役に立ちます．しかし，尤度の関数形や事前分布をうまく

選び，信頼のおけるデータを用いてベイズ更新をしないと，おかしな結果が得られることも多々あります．

7.1.5　マルコフ連鎖モンテカルロ法によるベイズ更新の例

式 (7.23) や式 (7.30) を用いて尤度 $P(k|p), P(x_1, \cdots, x_n|\mu, \sigma)$ と事前分布 $P(p), P(\mu, \sigma)$ から事後分布 $P(p|k), P(\mu, \sigma|x_1, \cdots, x_n)$ を導くという計算は，マルコフ連鎖モンテカルロ法が適用できる典型的です．7.1.2 節などで説明した尤度の計算に $P(p), P(\mu, \sigma)$ の効果を取り込むだけです．

● コイン投げをメトロポリス法で

表が出る確率 p の事前分布が $P(p)$ で与えられるコインを n 回投げたところ，表が k 回出たとします．この場合，事後分布を求めたければ，

$$e^{-S(p|k)} \equiv P(k|p)P(p) = p^k(1-p)^{n-k}P(p) \tag{7.38}$$

に比例した確率分布で p を生成すれば良いだけです．ただし，p は「表が出る確率」なので，$0 \leq p \leq 1$ でしか意味を成さず，したがって $p < 0$ と $p > 1$ では $e^{-S(p|k)} = 0$ とする（あるいは，同じことですが，$S(p|k) = \infty$ とする）必要があることに注意しましょう．$p > 1$ と $p < 0$ では $P(p) = 0$，としても同じことです．具体的には次のようにして $p^{(i)}$ から $p^{(i+1)}$ を作れば良いでしょう：

メトロポリス法のベイズ更新への適用例（コイン投げ）

1. 実数 Δp を区間 $[-c, +c]$ の一様乱数として選び，$p' = p^{(i)} + \Delta p$ を $p^{(i+1)}$ の候補として提案する．
2. $p' < 0$ または $p' > 1$ なら提案を棄却する（$p^{(i+1)} = p^{(i)}$）．
3. $0 \leq p' \leq 1$ の時はメトロポリステストを行う．0 と 1 の間の一様乱数 r を生成し，$r < e^{S(p|k)-S(p'|k)}$ なら提案を受理して更新する（$p^{(i+1)} = p'$）．それ以外は提案を棄却する（$p^{(i+1)} = p^{(i)}$）．

初期分布として $P(p) \propto e^{-100\left(p-\frac{9}{10}\right)^2}$ を仮定してみましょう（極端な細工をしている可能性が高いだろうと，かなり疑ってかかっています）．

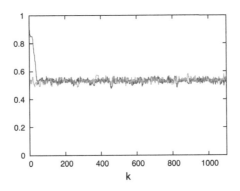

図7.4　重み因子 (7.39) の場合のコイン投げ. ステップサイズ 0.1 でメトロポリス法でシミュレーションした. 初期値として $p = 0.5$ と $p = 0.9$ の二通りを試した. 横軸はステップ数. 最初の 100 ステップを取り除けば熱化には十分であることが見て取れる.

$n = 1000, k = 515$ としてみます. これをメトロポリス法で再現しましょう. 作用 $S(p|k)$ は

$$S(p|k) = -k\log p - (n-k)\log(1-p) - \log P(p)$$
$$= -515\log p - 485\log(1-p) + 100\left(p - \frac{9}{10}\right)^2 \quad (7.39)$$

となります. 図7.4 に, 初期値を $p = 0.9$ に取った場合と $p = 0.5$ に取った場合について p の変化をプロットしました. ただし, ステップサイズは 0.1 としています. しばらくすると, $p = 0.5$ から $p = 0.55$ あたりで振動するようになることがわかります. $p = 0.9$ の場合には熱化に少し時間がかかりますが, 最初の 100 ステップ程度を捨てれば十分でしょう.

図7.5 に熱化した後の p の分布を示しました. 統計を増やすと正しい値に収束していくことが確認できます.

2 回表が続く確率 $\int_0^p dp P(p|k) \times p^2$ が知りたければ, 期待値 $\langle p^2 \rangle$ を計算するだけです.

- **多変数ガウス分布をメトロポリス法で**
　ガウス分布

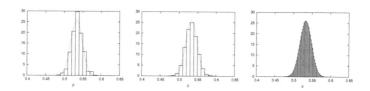

図 7.5　重み因子 (7.39) の場合のコイン投げ. 初期値を $p = 0.5$ とし, ステップサイズ 0.1 でメトロポリス法でシミュレーションした. 最初の 100 ステップは熱化のために取り除いた. 左から順に, 1000 サンプル, 1 万サンプル, 100 万サンプルの結果.

$$S(x_1, \cdots, x_d) = \frac{1}{2} \sum_{i,j=1}^{d} A_{ij}(x_i - \mu_i)(x_j - \mu_j) \quad (A_{ij} = A_{ji}) \quad (7.40)$$

の場合を見てみます. 簡単のため, 5.1 節で取り扱ったのと同じ $d = 2$, $A_{11} = 1, A_{22} = 1, A_{12} = \frac{1}{2}, \mu_1 = \mu_2 = 0$ として n 組の乱数 (x, y) を複数生成します. 今回も, 分布がガウス分布であると当たりを付けた上で, この乱数から A_{ij} と μ_i を推測します. 事前分布は $P(\{A_{ij}, \mu_i\}) \propto e^{-\frac{1}{2}\sum_{i,j}|A_{ij}|^2 - \frac{1}{2}\sum_i |\mu_i|^2}$ としましょう (もっと複雑な事前分布を考えても特に面倒なことは起きません). すると, (7.12) で与えられた尤度 $P(\{x^{(1)}\}, \cdots, \{x^{(n)}\}|A, \mu)$ に事前分布 $P(\{A_{ij}, \mu_i\})$ を掛けたものを A_{ij} と μ_i の確率分布とみなしてシミュレーションするだけです. 作用としては, (7.13) に事前分布からの寄与 $\Delta S = \frac{1}{2}\sum_{i,j}|A_{ij}|^2 + \frac{1}{2}\sum_i |\mu_i|^2$ を加えます. (7.13) の中の $\det A$ は $d = 2$ の場合は $\det A = A_{11}A_{22} - A_{12}^2$ です.

　$n = 100$ で $\bar{x}_1 = -0.0930181$, $\bar{x}_2 = 0.0475899$, $\overline{x_1 x_1} = 1.06614$, $\overline{x_2 x_2} = 1.28152$, $\overline{x_1 x_2} = -0.504944$ の場合についての A_{ij} と μ_i の推定結果を図 7.6 に示しました. 分布の幅を誤差と思えば, 誤差の範囲内で正しい値が推定できていることが見て取れます.

● **多変数ガウス分布を HMC 法で**

　HMC 法はハミルトン方程式さえ書き下せばいつでも使えるお手軽な方法です. 今の場合, ハミルトン方程式は (7.21) と (7.22) に事前分布から来る寄与を加えて

$$\frac{dp_{ij}^{(A)}}{d\tau} = -\frac{n}{2}\left\{(\mu_i\mu_j - \bar{x}_i\mu_j - \bar{x}_j\mu_i + \overline{x_i x_j}) - (A^{-1})_{ij}\right\} - A_{ij}, \quad (7.41)$$

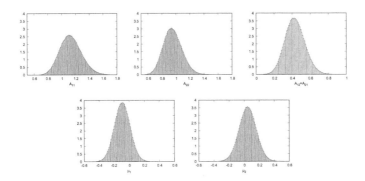

図 7.6 　$n = 100$ で $\bar{x}_1 = -0.0930181$, $\bar{x}_2 = 0.0475899$, $\overline{x_1 x_1} = 1.06614$, $\overline{x_2 x_2} = 1.28152$, $\overline{x_1 x_2} = -0.504944$ の場合についての A_{ij} と μ_i の推定結果. 上段が, 左から A_{11}, A_{22}, $A_{12} = A_{21}$, 下段が左から μ_1, μ_2 の推定値.

$$\frac{dA_{ij}}{d\tau} = p_{ij}^{(A)}, \tag{7.42}$$

$$\frac{dp_i^{(\mu)}}{d\tau} = -n\sum_{j=1}^{d} A_{ij}\left(\mu_j - \bar{x}_j\right) - \mu_i, \qquad \frac{d\mu_i}{d\tau} = p_i^{(\mu)} \tag{7.43}$$

となります. 7.1.2 の多変数の場合と同様, 行列 A_{ij} と p_{ij} が対称行列であることに注意しましょう. ステップ幅 $\Delta\tau$ は $A_{ij}, p_{ij}^{(A)}$ と $\mu_i, p_i^{(\mu)}$ の各々について異なる値を用いることができます.

- **多変数ガウス分布をギブスサンプリングとメトロポリスの併せ技で**

ガウス分布のような簡単な事前分布の場合には μ をギブスサンプリングで取り扱うことができます. $S(\{x^{(1)}\}, \cdots, \{x^{(n)}\}|A, \mu)$ は (7.13) で与えられ, その中の μ_i を含む項は $\frac{n}{2}\sum_{i,j=1}^{d} A_{ij}\left(\mu_i - \bar{x}_i\right)\left(\mu_j - \bar{x}_j\right)$ でした. これに事前分布から来る項 $\frac{1}{2}\sum_{i=1}^{d}\mu_i^2$ を足し合わせた重み因子は, 任意の i について

$$\frac{n}{2}\sum_{j,k=1}^{d} A_{jk}\left(\mu_j - \bar{x}_j\right)\left(\mu_k - \bar{x}_k\right) + \frac{1}{2}\sum_{j=1}^{d}\mu_j^2$$

$$= \left\{\frac{1 + nA_{ii}}{2}\mu_i^2 + n\left(\sum_{j\neq i} A_{ij}(\mu_j - \bar{x}_j) - A_{ii}\bar{x}_i\right)\mu_i\right\} + \mu_i を含まない項$$

$$= \frac{1+nA_{ii}}{2}\left(\mu_i + \frac{n}{1+nA_{ii}}\left(\sum_{j\neq i}A_{ij}(\mu_j - \bar{x}_j) - A_{ii}\bar{x}_i\right)\right)^2$$

$+\mu_i$ を含まない項

(7.44)

のようにガウス分布で表せます．こうなれば，ボックス・ミュラー法を利用
したギブスサンプリングによって μ_i を更新できます．A_{ij} はメトロポリス
法か HMC 法にすると簡単です．

7.2　イジング模型

続いて，大学の物理の授業の定番中の定番であるイジング模型[*8] を調べて
みましょう．

スピン（小さな磁石）が載った格子点を考えましょう．格子は一次元でも
二次元でも三次元でも構いません．形も，四角でも三角でも六角形でも何
でも構いません．格子点を整数 i でラベルすることにし，格子点 i のスピン
を s_i と書くことにします．各スピンは $s_i = +1$（N 極が上を向いている），
$s_i = -1$（S 極が上を向いている）の二つの状態しか取らないものとします．
絵で描く時は，$s_i = +1$ と -1 をそれぞれ上向きと下向きの矢印で表します．
スピンの向きが全て揃った場合には全体として巨大な矢印（＝強い磁石）と
思えます．上向きと下向きが混ざると打ち消し合いが起きて弱い磁石になり
ます．上向きと下向きが完全に半々になった時には巨視的には磁石ではなく
なります．

近くのスピン同士はお互いに相互作用します．計算を簡単にするために，
隣り合ったスピンだけが相互作用するものと仮定しましょう．すると，系の
エネルギーは

$$E(\{s\}) = -J\sum_{\langle i,j\rangle}s_is_j - h\sum_i s_i$$

(7.45)

で与えられます．ただし，$\langle i,j\rangle$ は「隣接する i,j の組」という意味です．J
は相互作用を記述するパラメーターです．以下で見るように，J が正の大き

---

*8　イジング模型は大抵の統計力学の教科書で取り上げられています．和書では，定番中の定番として文
献 [22] が挙げられます．著者のこだわりが感じられる文献 [23] もお勧めです．

な値だと，スピンの向きが揃って系全体として強い磁石になります．J が負の値の時には格子の形に応じて色々な面白い物理が現れます．h は外部からかけた磁場で，磁場が強いとスピンの向きが磁場と同じ方向に揃う傾向があります．

各配位の実現される確率は

$$P(\{s\}) = \frac{e^{-\beta E(\{s\})}}{Z} \tag{7.46}$$

で与えられます．ただし，Z は分配関数で，

$$Z = \sum_{\{s\}} e^{-\beta E(\{s\})} \tag{7.47}$$

で定義されます．また，β は絶対温度 T を用いて

$$\beta = \frac{1}{T} \tag{7.48}$$

と表されます[*9]．

以下，マルコフ連鎖モンテカルロ法で $\{s^{(0)}\} \to \{s^{(1)}\} \to \{s^{(2)}\} \to \cdots \to \{s^{(k)}\} \to \{s^{(k+1)}\} \to \cdots$ を構成する具体的な方法を見ていきましょう．

7.2.1 メトロポリス法

メトロポリス法でシミュレーションしようとすると以下のようになります．

> **メトロポリス法のイジング模型への適用例**
>
> 1. 格子点 i を一つランダムに選ぶ．
> 2. 格子点 i についてはスピンを反転させて，それ以外はそのままにしたものを $\{s^{(k+1)}\}$ の候補として提案する．すなわち，$s'_i = -s_i^{(k)}$，$s'_j = s_j^{(k)}$ $(j \neq i)$．
> 3. i 番目のスピンを反転させる前後のエネルギー差を $\Delta E = E(\{s'\}) - E(\{s^{(k)}\})$ として，確率 $\min(1, e^{-\beta \Delta E})$ で提案を受理

[*9] より正確には，ボルツマン定数 k_B を用いて $\beta = \frac{1}{k_\mathrm{B} T}$ と定義されます．温度の定義を定数倍だけ変えれば，$k_\mathrm{B} = 1$ として構いません．

> し，$\{s^{(k+1)}\} = \{s'\}$ と更新する．それ以外は提案を棄却して $\{s^{(k+1)}\} = \{s^{(k)}\}$ とする．

　格子点をランダムではなく順番に選ぶことにしても構いません．また，「n 個の格子点をランダムに選んで同時にひっくり返す．ただし n の値はランダムに決める」といったアクロバティックなことをしても構いません．恐らくご利益はありませんが，間違いではありません．

7.2.2　ギブスサンプリング（熱浴法）

　6.2 節で導入したギブスサンプリングを使うこともできます．少々天下り的ですが，手順は以下の通りです：

> ### 熱浴法（ギブスサンプリング）のイジング模型への適用例
>
> 1. 格子点 i を一つランダムに選ぶ．
> 2. $s_i' = \pm 1$, $s_j' = s_j^{(k)}$ $(j \neq i)$ という配位を考え，$s_i' = \pm 1$ のそれぞれについてのエネルギーを $E_\pm$ とする．
> 3. 新しい配位 $\{s^{(k+1)}\}$ は，確率 $\frac{e^{-\beta E_+}}{e^{-\beta E_+} + e^{-\beta E_-}}$ で $s_i^{(k+1)} = +1$, 確率 $\frac{e^{-\beta E_-}}{e^{-\beta E_+} + e^{-\beta E_-}}$ で $s_i^{(k+1)} = -1$ とし，i 番目のスピン以外には手を触れずに $s_j^{(k+1)} = s_j^{(k)}$ $(j \neq i)$ とする．

　$\frac{e^{-\beta E_+}}{e^{-\beta E_+} + e^{-\beta E_-}}$ は「i 番目以外のスピンを全て固定した時に i 番目のスピン s_i が $+1$ である条件付き確率」であり，$\frac{e^{-\beta E_-}}{e^{-\beta E_+} + e^{-\beta E_-}}$ は「i 番目以外のスピンを全て固定した時に i 番目のスピン s_i が -1 である条件付き確率」です．これはギブスサンプリングに他なりません．そもそも，物理業界でこの確率分布がボルツマン分布あるいはギブス分布と呼ばれていることが「ギブスサンプリング」の語源です．E_+ と E_- の差を計算するには点 i と隣接する点のスピンとの相互作用だけ考えれば良いので，計算量が少なく，条件付き確率の計算も簡単です（このこと自体は，メトロポリス法でスピンを一つずつひっくり返していく場合でも同じです）．

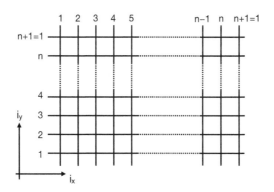

図 7.7　周期境界条件を課した二次元格子. $i_x = n+1$ と $i_x = 1$, $i_y = n+1$ と $i_y = 1$ を同一視する.

　熱力学・統計力学を知っていれば，上で用いた条件付き確率は，i 番目のスピン以外を巨大な熱浴と思った時の平衡分布であることに気付くと思います．これはイジング模型に限った話ではなくて，ギブスサンプリングの方法は常にこの解釈ができます．このことから，物理業界ではギブスサンプリングは**熱浴法**とも呼ばれます．この視点を持っていると，物理についてもギブスサンプリングについても理解が深まります．

7.2.3　シミュレーションの具体例

　二次元の正方格子の場合を考えましょう[*10]．格子点を (i_x, i_y) で表すことにします．i_x と i_y は 1 から n までの整数値を取るとします．有限体積の効果を減らすために，周期境界条件を取ります．すなわち，$i_x = n$ の隣は $i_x = 1$, $i_y = n$ の隣は $i_y = 1$ とします（$n+1$ と 1 を同一視すると言っても同じです．図 7.7 を参照して下さい）．

　$I = n(i_x - 1) + i_y$ とすれば，n^2 個の格子点に 1 から n^2 までの通し番号を振ることができます．0 から n^2 までの一様乱数 r を作り，$I - 1 \leq r < I$ なら I 番目の格子点に乗っているスピンを変化させることにしましょう．

　メトロポリス法を用いる場合，ΔE は更新したいスピン（s_{i_x, i_y} とします）

_____
*10　この場合は Onsager による厳密解 [24] が知られています.

と隣のスピン $s_{i_x \pm 1, i_y}, s_{i_x, i_y \pm 1}$ だけで決まることに注意して下さい. 具体的には,

$$\left(-J \sum_{\pm 1} \left(s_{i_x \pm 1, i_y} + s_{i_x, i_y \pm 1} \right) - h \right) s_{i_x, i_y} \tag{7.49}$$

の変化を計算するだけで済みます. $s_{i_x, i_y} \to s'_{i_x, i_y} = -s_{i_x, i_y}$ と変化させることに注意すると,

$$\Delta E = 2 \left(J \sum_{\pm 1} \left(s_{i_x \pm 1, i_y} + s_{i_x, i_y \pm 1} \right) + h \right) s_{i_x, i_y} \tag{7.50}$$

であることがわかります.

● **外部磁場 $h = 0$ の場合**

外部磁場 h をゼロとした場合を考えましょう. この時, $S = \frac{E}{T} = -\frac{J}{T} \sum_{\langle i,j \rangle} s_i s_j$ となるので, $\frac{J}{T}$ だけが独立なパラメーターです. エネルギーの期待値 $\langle E \rangle$ を温度で微分して得られる比熱 C は

$$
\begin{aligned}
C &\equiv \frac{\partial \langle E \rangle}{\partial T} \\
&= \frac{\partial}{\partial T} \frac{\sum_{s_i = \pm 1} E e^{-\frac{E}{T}}}{Z} \\
&= \frac{1}{Z} \cdot \frac{\partial}{\partial T} \left(\sum_{s_i = \pm 1} E e^{-\frac{E}{T}} \right) + \left(\sum_{s_i = \pm 1} E e^{-\frac{E}{T}} \right) \cdot \frac{\partial}{\partial T} \left(\frac{1}{Z} \right) \\
&= \frac{1}{Z} \cdot \left(\sum_{s_i = \pm 1} \frac{E^2}{T^2} e^{-\frac{E}{T}} \right) + \left(\sum_{s_i = \pm 1} E e^{-\frac{E}{T}} \right) \cdot \left(-\frac{1}{Z^2} \frac{\partial Z}{\partial T} \right) \\
&= \frac{1}{T^2} \left(\langle E^2 \rangle - (\langle E \rangle)^2 \right)
\end{aligned}
\tag{7.51}
$$

として計算できます.

エネルギーは近似的に格子点の数 n^2 に比例するので, 一格子点あたりの値 $\frac{E}{n^2}$, $\frac{C}{n^2}$ に注目すると見通しが良くなります. 格子サイズが無限大の極限 ($n \to \infty$, 熱力学極限) では $\frac{C}{n^2}$ が発散する二次相転移が現れます. 相転移温度は $\sinh \left(\frac{2J}{T} \right) = 1$ ($\frac{T}{J} \simeq 2.269$) です [24]. 図7.8に, 後述する Wolff アルゴリズムを用いて計算した結果を示しました. 格子サイズが大きくなるにつれて $T \simeq 2.269$ で $\frac{C}{n^2}$ が発散することが見て取れます.

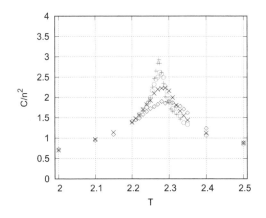

図 7.8　二次元イジング模型，$J = 1, h = 0$ で，$\frac{C}{n^2}$ を温度の関数としてプロットした．格子サイズが大きくなるにつれて，$T \simeq 2.269$ で $\frac{C}{n^2}$ が発散することがわかる．臨界減速を避けるために，7.2.4 節で説明する Wolff アルゴリズムを用いた．図を見やすくするためにエラーバーは省略した．

　ゼロ温度では全てのスピンが上向き或いは下向きに揃います．有限温度でも，温度が十分に低ければ，多数のスピンが上向き或いは下向きに揃った配位が支配的になります．したがって，サンプルの分布には二つのピークが現れます．このような場合には片方のピークに捕まってしまうのでシミュレーションが大変であることは 4.4 節などで説明しました．7.3 節で考察する組合せ最適化でもしばしば同じ問題が起こります．ただし，$h = 0$ の場合は，二つのピークの性質がスピンの符号を除いて完全に同じなので，片方だけを調べるのでも問題ありません．むしろ，二つのピークが合体するところで臨界減速という難しい問題が起きるのですが，これについては節を改め，7.2.4 節で説明することにします．

● **外部磁場 h を変化させた場合**

　結合定数と温度を $J = 1$，$T = 1$ に固定し，外部磁場 h の値を変えてみましょう．$h = 0$ の時にはスピンが全て上向きか下向きに揃った二通りの基底状態が存在しますが，$h \neq 0$ では縮退が解け，$h > 0$ では全て上向き，$h < 0$ では全て下向きが基底状態になります．

　以下，$h < 0$ の場合を考えましょう．$h = -0.4$ で，全て上向きとい

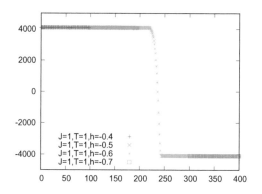

図 7.9　格子サイズ $n^2 = 64^2 = 4096$ の二次元イジング模型のシミュレーション. 熱浴法, $10n^2 = 40960$ ステップに一回サンプリング. $J = 1, T = 1$ で, h の値を 100 サンプルごとに変えてみた. 縦軸はスピンの合計値. 初期値として全てのスピンを $+1$ に選んだ.

う初期条件で熱浴法を用いたシミュレーションをします. 格子サイズは $n^2 = 64^2 = 4096$ とし, $10n^2 = 40960$ ステップに一回サンプリングすることにします. 100 サンプル採取するごとに外部磁場 h を 0.1 ずつ下げていきます. そのようにしてシミュレーションした結果を図 7.9 に示しました. 縦軸はスピンの合計値です. 初めのうちはほとんど全てのスピンが上向きである（合計値が 4096 に近い）ことがわかります. これは図 4.9 の状況によく似ていて, 二つのピーク（全て上向きと全て下向き）の間をなかなか行き来できないでいる状況です. 外部磁場 h と温度 T が共に小さい場合にこのようなことが起こります. 気長に待てば, そのうちに下向きスピンの小さな塊ができ, それが一気に広がって真の基底状態に転移します. 今の場合では, $h = -0.6$ まで行くとそのような転移が起きやすくなり, ほとんど全てのスピンが下向きに揃うことが見て取れます. このように, パラメーターと初期条件次第では間違ったピーク（物理の言葉では準安定状態）をサンプリングしてしまうという問題が起こるので注意が必要です. これは 7.3 節で解説する最適化問題でも頭痛の種になります.

　転移の起きやすさはアルゴリズムの詳細に依存します. 極端な例としては 7.2.4 節で解説する Wolff アルゴリズムのように h と T がどんなに小さくても一瞬で転移が起きるものがあります.

7.2.4 臨界減速とクラスター法

実際に試してみた方は気付かれたと思いますが，メトロポリス法や熱浴法のような素朴なマルコフ連鎖モンテカルロ法をイジング模型に適用すると，相転移付近で自己相関が大きくなり，計算時間が大幅に増えてしまって苦労します．これは，相転移という系全体の性質がガラリと変わる大域的な現象が起きているのにもかかわらず，スピンを一つずつ反転させるという局所的な操作を施しているからです．これだけだとイメージが湧きにくいので，相転移付近で何が起こっているかを具体的に見てみましょう．

図 7.10 は，格子サイズ 512×512, $J = 1$, $h = 0$ での相転移付近の典型的

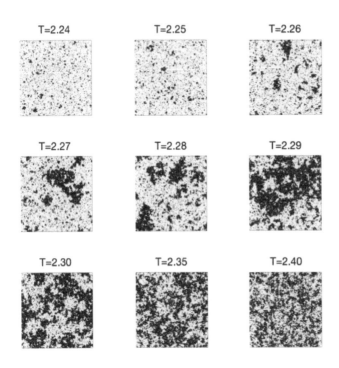

図7.10　$J = 1, h = 0$ での二次元イジング模型の典型的なスピン配位．格子サイズは 512×512 で，黄色はスピン $+1$，黒はスピン -1 を表す．Wolff アルゴリズムを用いて計算した．（$h = 0$ なのでスピンを反転させた配位も同じ確率で現れることに注意）．

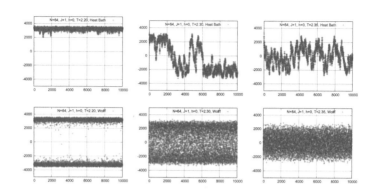

図 7.11　格子サイズ $n^2 = 64^2 = 4096$ の二次元イジング模型のシミュレーション．[上] 熱浴法，$10n^2 = 40960$ ステップに一回サンプリング．[下] Wolff アルゴリズム，10 ステップに一回サンプリング．共に 10000 サンプル採取．縦軸はスピンの合計値．

な配位です．（この図は後で説明する Wolff アルゴリズムを用いて作成しました）．低温ではほとんどの点が黄色（スピン +1）で，その中にまばらに黒（スピン −1）が散らばっています．温度が上がると，黒の塊がどんどん大きくなっていって，黒も黄色も巨大な塊を作ります．相転移点を通り過ぎて十分高温になると，黒も黄色もそれほど大きな塊を作らなくなり，黒と黄色が入り交じった状況になります．このように，一つ一つのスピンの反転というよりも，スピンが揃った大きなブロックが形成され，そのブロックが徐々に小さくなっていくことで相転移が実現されるのです．

　これがメトロポリス法や熱浴法でシミュレーションが困難になる原因です．ほとんどのスピンが揃っている低温状態なら，スピンを一つずつ反転させるだけで効率よく独立なサンプルが得られます（ただし，ほとんどのスピンが −1 であるようなサンプルへの転移は困難です）．ところが，温度が上がり，大きな塊ができているような場面に差し掛かると，大きな塊が一斉に反転するのでない限り独立なサンプルを得ることはできないので，スピンを一つずつ反転させるという局所的な手法では目標の状況がなかなか実現されず，自己相関が大きくなってしまいます．この現象を**臨界減速**と呼びます．温度が十分高くなって上下のスピンが入り交じった状況になると，再び局所的なアルゴリズムでも効率よくサンプリング可能になります．

　熱浴法によるシミュレーション結果を図 7.11 の上段に示しました．格子

サイズは $64^2 = 4096$, $J = 1$, $h = 0$ としています. 初期条件としては, 全てのスピンを $+1$ に選び, 40960 ステップに一回サンプリングし, 合計 10000 サンプルを採取しました. 縦軸はスピンの合計値です. 低温状態に相当する $T = 2.20$ では二つの基底状態の一方に捕まったままになっています. これは正しいサンプリングではないという意味では問題ですが, 低温での対称性の自発的破れという重要な物理現象の反映だという意味では特に問題ではありません[*11]. 相転移点に近い $T = 2.35$ ではスピンが正の領域と負の領域を頻繁に行き来していますが, 自己相関がかなり大きいことがわかります. より相転移点に近い $T = 2.30$ では, 自己相関がさらに大きくなっています. 臨界減速が起きている証拠です(先ほども述べましたが, 相転移温度は $T \simeq 2.269$ です).

この状況を改善してくれるのが, 大きな塊(クラスター)を選んでスピンを一斉に反転させることで効率良いサンプリングを実現する**クラスター法**です. 具体的な方法はすぐ後で説明しますが, スピンを一つ一つ反転させるのではなく, 同じ向きのスピンを持つブロックをうまく選び, 一回の更新でそのブロックのスピンをまとめて反転させるという方針を取ることで, 相転移温度付近の更新を効率よく行うのです. 図 7.11 の下段が, 先ほどと同じ模型にクラスター法の一つである Wolff アルゴリズムを適用した結果です. メトロポリス法や熱浴法では計算が困難であるような領域でも問題なくシミュレーションができています. クラスター法が如何に強力か, 一目瞭然です.

7.2.5 Wolff のアルゴリズム

外部磁場 $h = 0$ の場合の Wolff のアルゴリズム [25] は次のようなものです:

Wolff アルゴリズムのイジング模型への適用例 (外部磁場 $h = 0$ の時)

1. 格子点 i を一つランダムに選び, 「クラスター」に追加する. クラスターに属する点は赤で示すことにする.
2. クラスターに隣接する格子点にクラスターと同じスピンが載っていたら, 確率 K で青のリンク, 確率 $1 - K$ で緑のリンクでつなぐ.

[*11] 類似の状況は 7.3 節で詳しく議論します.

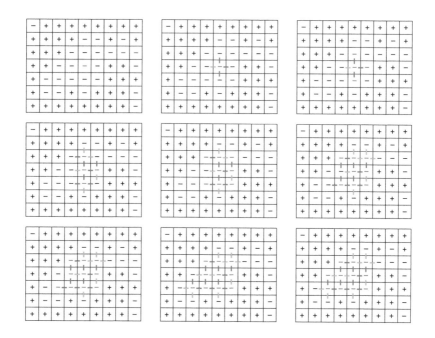

図 7.12　二次元イジング 模型におけるクラスターの構成例．ランダムに選んだスピンを起点にし
てクラスターを構成していく．クラスターに追加されたスピンは赤で表す．

ただし，$K = 1 - e^{-2J/T}$ である．
3. 青のリンクでつながれたスピンをクラスターに追加する．
4. これをクラスターがそれ以上成長できなくなるまでひたすら繰り
　返す．
5. クラスターのスピンを丸ごと反転させる．

　クラスターの構成の例を図 7.12 に示しました．このようにして構成した
クラスターのスピンを，図 7.13 のようにして反転させます．
　Wolff アルゴリズムは，6.3 節で解説した MH 法の特別な場合と思えます．
新しい分布の提案確率 $f(\{s\} \to \{s'\})$ をうまく選んで，更新の提案の受理確
率 (6.47) が 1 になるようにしているのです：

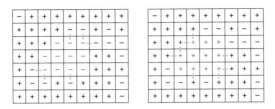

図 7.13 クラスターのスピンの一斉反転で結び付く配位の例.

$$\frac{e^{-S(\{s'\})} f(\{s'\} \to \{s\})}{e^{-S(\{s\})} f(\{s\} \to \{s'\})} = 1 \tag{7.52}$$

(7.52) が満たされていることを確認しましょう.例として,図 7.13 の左右の配位を $\{s\}$, $\{s'\}$ とします.図 7.13 で緑で示したリンク以外は,(きちんと一繋がりのクラスターができてさえいれば)最初の格子点がどれでも,どのような繋がり方をしていても構いません.共通の因子を除き,$f(\{s\} \to \{s'\})$ と $f(\{s'\} \to \{s\})$ は図 7.13 の緑のリンクが選ばれる確率で決まります.左右の緑リンクの個数をそれぞれ m, n として(今の場合は $m = 6, n = 8$)

$$f(\{s\} \to \{s'\}) \propto (1 - K)^m, \qquad f(\{s'\} \to \{s\}) \propto (1 - K)^n \tag{7.53}$$

と表すことができます.したがって,(7.52) は

$$e^{-S(\{s'\})+S(\{s\})} = (1 - K)^{m-n} \tag{7.54}$$

と書き直せます.この式の左辺を計算するには,$h = 0$ の場合にはクラスターの境界での相互作用に注目すれば良いことはすぐにわかります.図 7.13 の左側の配位では,緑で示したリンクのエネルギーへの寄与が $-mJ$,それ以外が $+nJ$ です.右側の配位では,緑で示したリンクのエネルギーへの寄与が $-nJ$,それ以外が $+mJ$ です.したがって,スピンの反転 $\{s\} \to \{s'\}$ に伴うエネルギー変化は $2(m-n)J$ となります.したがって (7.54) は

$$e^{-2(m-n)J/T} = (1 - K)^{m-n} \tag{7.55}$$

と書き直せます.$K = 1 - e^{-2J/T}$ と選んだので,これが満たされています.

Wolff アルゴリズムに代表されるようなクラスター法は,対象とする系(今の場合はイジング模型)の性質をうまく利用して設計されています.一般の系に適用可能な臨界減速への対処法は知られていません.

- $h \neq 0$ の場合

外部磁場 h が存在する場合には，同じ方法でクラスターを作ったとすると

$$\frac{e^{-S(\{s'\})}f(\{s'\} \to \{s\})}{e^{-S(\{s\})}f(\{s\} \to \{s'\})} = e^{h \times (\text{スピンの合計値の変化})/T} \tag{7.56}$$

となります．ただし，(スピンの合計値の変化) $= \pm 2 \times$ (クラスターの大きさ) です ($\downarrow$ から $\uparrow$ に反転する時に $+$，逆の場合は $-$)．したがって，クラスターを反転させるところでメトロポリステストを行い，確率 $\min\left(1, e^{h \times (\text{スピンの合計値の変化})/T}\right)$ で更新を受理すればうまくいきます．

- プログラム例

クラスターの構成以外は何も難しいことはありません．クラスターを構成するには，例えば次のようにすれば良いでしょう．

クラスターに属する格子点を数えるための整数値変数 n_{cluster} と，格子点の座標を格納するための整数値変数 $i_k (k = 0, 1, 2, \cdots, n^2 - 1)$ を準備します．

イジング模型でのクラスターの構成法

1. 格子点 i_0 を一つランダムに選び，クラスターに追加する．$n_{\text{cluster}} = 1$, $k = 0$ とする．
2. 格子点 i_k に隣接する格子点のうち，まだクラスターに追加されていないものを一つずつ調べる．スピンが同じであれば確率 $1 - e^{-2J/T}$ でクラスターに追加する．$i_{n_{\text{cluster}}}$ に追加した格子点の番号を格納し，n_{cluster} の値を 1 だけ増やす．最後に，k を 1 だけ増やす．
3. $k < n_{\text{cluster}}$ であればステップ 2 に戻る．

クラスターを構成する C++ プログラムの例を見てみましょう．二次元に話を限ることとし，i_k の代わりに $i_{\text{cluster}}(k, 0)$ と $i_{\text{cluster}}(k, 1)$ に x 座標と y 座標を格納するものとします．それほど複雑ではないので，愚直に全て書き下してしまいましょう:

```
int make_cluster(const int spin[nx][ny],const double coupling_J,
const double temperature,int& n_cluster,int (&i_cluster)[nx*ny][2])
{
  int in_or_out[nx][ny];
//これが 1 ならクラスターに属さず，0 なら属す
  for(int ix=0; ix!=nx; ix++){
    for(int iy=0; iy!=ny; iy++){
     in_or_out[ix][iy]=1; //初めはどの点もクラスターに属していない
    }
  }
//点を一つランダムに選ぶ
  double rand_site = (double)rand()/RAND_MAX;
  rand_site=rand_site*nx*ny;
  int ix=(int)rand_site/ny;
  int iy=(int)rand_site%ny;
//選んだ点をクラスターに追加
  in_or_out[ix][iy]=0;
  i_cluster[0][0]=ix;
  i_cluster[0][1]=iy;
//クラスターのスピンを int spin_cluster に保存（+1 または -1）
  int spin_cluster=spin[ix][iy];
  n_cluster=1;      //現段階のクラスターサイズは 1
  double probability=1e0-exp(-2e0*coupling_J/temperature);
//↑青のリンクを入れる確率
  int k=0;
  while(k < n_cluster){
    ix=i_cluster[k][0];
    iy=i_cluster[k][1];
    int ixp1=(ix+1)%nx;    //ixp1=ix+1; 周期境界条件に注意
    int iyp1=(iy+1)%ny;    //iyp1=iy+1; 周期境界条件に注意
    int ixm1=(ix-1+nx)%nx;    //ixm1=ix-1; 周期境界条件に注意
    int iym1=(iy-1+ny)%ny;    //iym1=iy-1; 周期境界条件に注意
```

```
   if(spin[ixp1][iy]==spin_cluster){ //右隣を追加するか否か
    if(in_or_out[ixp1][iy]==1){ //まだ不追加の場合だけ考える
     if((double)rand()/RAND_MAX < probability){
//ある一定確率で追加
        i_cluster[n_cluster][0]=ixp1;
        i_cluster[n_cluster][1]=iy;
        n_cluster=n_cluster+1;
        in_or_out[ixp1][iy]=0;
     }
    }
   }
   if(spin[ix][iyp1]==spin_cluster){　//上隣を追加するか否か
    if(in_or_out[ix][iyp1]==1){　//まだ不追加の場合だけ考える
     if((double)rand()/RAND_MAX < probability){
//ある一定確率で追加
        i_cluster[n_cluster][0]=ix;
        i_cluster[n_cluster][1]=iyp1;
        n_cluster=n_cluster+1;
        in_or_out[ix][iyp1]=0;
     }
    }
   }
   if(spin[ixm1][iy]==spin_cluster){　　//左隣を追加するか否か
    if(in_or_out[ixm1][iy]==1){　//まだ不追加の場合だけ考える
      if((double)rand()/RAND_MAX < probability){
//ある一定確率で追加
        i_cluster[n_cluster][0]=ixm1;
        i_cluster[n_cluster][1]=iy;
        n_cluster=n_cluster+1;
        in_or_out[ixm1][iy]=0;
     }
    }
```

```
    }
    if(spin[ix][iym1]==spin_cluster){  //下隣を追加するか否か
     if(in_or_out[ix][iym1]==1){   //まだ不追加の場合だけ考える
       if((double)rand()/RAND_MAX < probability){
//ある一定確率で追加
          i_cluster[n_cluster][0]=ix;
          i_cluster[n_cluster][1]=iym1;
          n_cluster=n_cluster+1;
          in_or_out[ix][iym1]=0;
      }
     }
    }
    k=k+1;
   }
   return spin_cluster;
}
```

7.3 組合せ最適化と巡回セールスマン問題

　組み合わせ最適化の典型的な問題である巡回セールスマン問題をマルコフ連鎖モンテカルロ法を用いて解いてみましょう.

　セールスマンが本社のある都市を出発して N 個の都市を回ってから本社に戻らなければならないとします. 都市を数字でラベルします. 本社のある都市を 1 とし, 他を $2, 3, \cdots, N$ とします. 各都市間の距離はわかっているとします. 都市 i と都市 j の間の距離を r_{ij} としましょう. この時, 移動距離の合計が最短になる順番で各都市を一度ずつ訪問したいとします. 同じ都市を二回訪れるのは禁止です. そのような順番を見つけて下さいというのが巡回セールスマン問題です.

　数式で書いてみましょう. 2 から N までの数字を $i_2 \to i_3 \to \cdots \to i_N$ と並べると, 移動距離の合計が決まります. 記号を簡単にするために $i_1 =$

$i_{N+1} = 1$ として,

$$r_{\text{total}}(i_1 \to i_2 \to \cdots \to i_N \to i_{N+1})$$

$$= r_{i_1 i_2} + r_{i_2 i_3} + \cdots + r_{i_{N-1} i_N} + r_{i_N i_{N+1}} = \sum_{k=1}^{N} r_{i_k i_{k+1}} \qquad (7.57)$$

これを最小にする並べ順 $i_1 \to i_2 \to \cdots \to i_N \to i_{N+1}$ を見つけて下さいという問題です. N が小さいうちは全ての可能性をしらみつぶしに調べれば簡単に答えがわかります. しかし, 組み合わせの総数は $(N-1)!$ なので[*12], N が大きくなるととてもではありませんが調べきることができません.

もちろん, $(N-1)!$ 通りの可能性を全て調べ尽くさないでも, 明らかに最適でないものを効率よく排除していけば計算量を減らせます. 例えば, 経路に交差がある場合には交差を解消すれば合計距離を短くすることができるので, 一つでも交差があるような経路は最適解ではあり得ません. また, 経路の一部を取り出してみて, その範囲で無駄な遠回りが見つかれば, そのような経路は最適解ではあり得ません. このような性質をうまく利用すれば, 都市の数が数千でも最適解が見つけられるそうです.

この節では, マルコフ連鎖モンテカルロ法を活用した, 他の最適化問題にも適用可能な手法を紹介します.

7.3.1 関数の最小化と局所最適解の問題

イメージを掴みやすくするために, 一変数関数 $f(x)$ の最小値を見つけるという問題を考えてみましょう. 一番素朴なアルゴリズムは次のようなものではないでしょうか:

> **関数の最小化の素朴なアルゴリズム**
>
> 1. x を少しだけ変化させて $x \to x' = x + \Delta x$ とする.
> 2. $f(x') < f(x)$ ならこの変更を受理, そうでなければ棄却.
> 3. これをひたすら繰り返す.
> 4. 全く受理されなくなったら終了する.

[*12] 逆回りでも距離は同じですが, それを考慮しても $\frac{(N-1)!}{2}$ 通りです.

このやり方だと多変数になった場合には効率が悪いので，**最急降下法**（gradient descent）という手法がよく用いられます．

最急降下法（一変数版）

1. x を少しだけ変化させて $x \to x' = x - f'(x) \times \epsilon$ とする．ただし，$f'(x)$ は $f(x)$ の微分で，ϵ は更新の大きさを決めるパラメーター．
2. これをひたすら繰り返す．
3. $f'(x)$ が十分小さくなったら終了する．

$f(x)$ と $f(x')$ の大小を比較して受理または棄却するというステップがなくなっていることに注意して下さい．ϵ が十分小さければ，ほぼ100%の確率で $f(x') < f(x)$ となります．$f(x)$ が多変数になった場合の最急降下法は次のようになります：

最急降下法（多変数版）

1. x_i を少しだけ変化させて $x_i \to x_i' = x_i - \frac{\partial f}{\partial x_i} \times \epsilon$ とする．
2. これをひたすら繰り返す．
3. 全ての i について $\frac{\partial f}{\partial x_i}$ が十分小さくなったら終了する．

ただし，$\frac{\partial f}{\partial x_i}$ は f の x_i での偏微分で，x_i 方向の傾きを意味します．傾きの**最**も急な方向に**降下**していって最小値を見つけようというアイデアです．一変数でも多変数でも，$f(x)$ を高さあるいはエネルギーと思い，図7.14のようにして坂を下っていくイメージです．

　このような手法は巡回セールスマン問題にも適用可能です：

巡回セールスマン問題の素朴なアルゴリズム

1. 巡回する順番 $i_1 \to i_2 \to \cdots \to i_N$ を少しだけ入れ替えたものを新しい経路の候補として提案する．例えば，$2 \leq k < l \leq N$ をラン

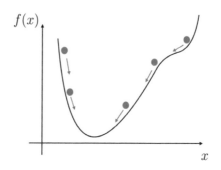

図 7.14　最急降下法の概念図．坂を下っていけば最小値に行き着くだろうという非常に素朴な
方法．

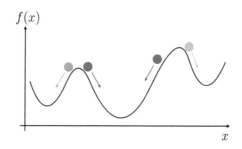

図 7.15　最急降下法の局所最適解の問題．赤丸からスタートすると最小値に到達できるが，黄色や
水色の丸からスタートすると間違った答え（最小値ではない極小値）に行き着いてしまう．

ダムに選び，k 番目と l 番目を入れ替える．

2. r_total が減少したらこの提案を受理，そうでなければ棄却．

3. これをひたすら繰り返す．

4. 全く受理されなくなったら終了する．

　図 7.14 のように谷底が一つしかない場合には，このような素朴な手法で最
小値が見つかります．しかし，図 7.15 のように谷底が複数ある（極小値が複
数ある）場合には初期値次第では間違った答え（最小値ではない極小値）が

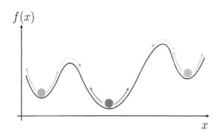

図 7.16 焼きなまし法の概念図. 熱的な揺らぎを導入することで局所最適解から抜け出すことを可能にする. ただし, どのくらいの速度で温度を下げていけば現実的な計算時間で最小値に行き着けるかは一般にはわからない.

得られる可能性があります. 巡回セールスマン問題の場合も, 最小ではないけれども極小にはなっているような巡回経路にはまってしまうと, このアルゴリズムでは抜け出せなくなってしまいます. これを局所最適解の問題と言います.

7.3.2 焼きなまし法

焼きなまし法 (simulated annealing) は, 物理の考え方を用いて局所最適解の問題を避けようというアルゴリズムです.

イジング模型の例を思い出して下さい. 積分の重みはエネルギー E と温度 T を用いて $e^{-\frac{E}{T}}$ と書けました. マルコフ連鎖モンテカルロ法でシミュレーションをすると, 温度がゼロの極限では E が少しでも増えるとメトロポリステストで棄却されてしまうので, E は単調に減少し, 極小値に到達するとそれ以降は配位が更新されなくなります. 一方, 温度が有限であれば, 仮に局所最適解に捕まってしまったとしても, 十分に長い時間待てば有限の確率で抜け出すことができます (図 7.16). 温度を十分にゆっくりと下げながらシミュレーションをすれば, ゼロ温度の極限で本物の最小値に到達できると期待できます. これが焼きなまし法です.

一般的な関数 $f(x)$ の最小値を見つけたければ, $f(x)$ をエネルギーと思い, 温度 T を導入して $e^{-\frac{f(x)}{T}}$ という重みでシミュレーションをします:

焼きなまし法

1. 「温度」T_0 を導入する. まずは T_0 を十分大きく取る.
2. $S_0(x) = f(x)/T_0$ を作用として, 確率密度 $P_0(x) \propto e^{-S_0(x)}$ でマルコフ連鎖モンテカルロ法を行う.
3. 温度を少し下げる. $T_0 \to T_1$.
4. 新しい温度 T_1 でマルコフ連鎖モンテカルロ法を行う ($S_1(x) = f(x)/T_1$ を作用として, 確率密度を $P_1(x) \propto e^{-S_1(x)}$ とする).
5. 温度を少し下げる. $T_1 \to T_2$.
6. 新しい温度 T_2 でマルコフ連鎖モンテカルロ法を行う ($S_2(x) = f(x)/T_2$ を作用として, 確率密度を $P_2(x) \propto e^{-S_2(x)}$ とする).
7. 最終的に温度がゼロになるまで繰り返し.

巡回セールスマン問題の場合には $f(x)$ の代わりに r_{total} を用いれば良いだけです.

焼きなまし法では, 温度を十分にゆっくりと下げていき, シミュレーション時間を十分に長く取れば, 必ず最小値が得られます. しかし, 現実問題としてどのくらいの時間で最小値に行き着けるかは自明ではありません. 温度が下がりすぎると現実的なシミュレーション時間では極小値から抜け出せなくなります. 得られた答えが最小値かどうかをどう判断するかも悩ましいところです. いくつかの異なる初期配位からスタートして常に同じ答えが得られることを確認するというのが常套手段ではありますが, 確実な手法とは言えません.

厳密な最小値でなくても用が足りるという場合には, 多大なコストを掛けて厳密な最小値を求めたりせず, 実用上問題のない極小値が得られた時点で計算を終えます.

7.3.3 レプリカ交換法

上で述べた焼きなまし法の欠点を改善したのがレプリカ交換法です. この手法も最初は物理の文脈で提案されました [26]*13.

---

*13　第一人者による解説が文献 [27] にあります. パラメーターの調整方法などについても解説されていますので, 興味のある方は参照して下さい.

　同じ変数の組 $\{x\}$ に対して，二つの異なる確率分布 $P_1(\{x\})$ と $P_2(\{x\})$ が与えられていたとします．$\{x\}_1$, $\{x\}_2$ と下付き添字を付けて二つのコピー（レプリカ）を区別することとし，P_1 と P_2 を掛け合わせた確率分布

$$P(\{x\}_1, \{x\}_2) = P_1(\{x\}_1) \times P_2(\{x\}_2) \tag{7.58}$$

を考えてみましょう．$\{x\}_2$ の値は気にせずに $\{x\}_1$ の分布だけを見たら $P_1(\{x\}_1)$ が得られることは定義から直ちにわかります．同様に，$\{x\}_1$ の値は気にせずに $\{x\}_2$ の分布だけを見たら $P_2(\{x\}_2)$ が得られます．レプリカ交換法は，この自明な性質を利用して焼きなまし法を改善するという面白いアイデアです．

　最小化したい関数を $f(X)$ とします[*14]．異なる二つの「温度」T_1, T_2 を用いて $P_1(X) \propto e^{-f(X)/T_1}$, $P_2(X) \propto e^{-f(X)/T_2}$ とします（$T_1 > T_2$ とします）．$P(X_1, X_2) = P_1(X_1) \times P_2(X_2)$ を以下のようにして求めます：

レプリカ交換法

1. X_1 をメトロポリス法などの通常のマルコフ連鎖モンテカルロで更新する（$P_1(X_1)$ を用いても $P(X_1, X_2)$ を用いても同じ）．
2. X_2 をメトロポリス法などの通常のマルコフ連鎖モンテカルロで更新する（$P_2(X_2)$ を用いても $P(X_1, X_2)$ を用いても同じ）．
3. 確率 $\min(1, e^{-\Delta S})$ で $X_1 \to X_1' = X_2$, $X_2 \to X_2' = X_1$ という入れ替えを行う．ただし，ΔS は作用 $S(X_1, X_2) = \frac{f(X_1)}{T_1} + \frac{f(X_2)}{T_2}$ の変化で，$\Delta S = \left(\frac{1}{T_2} - \frac{1}{T_1}\right)(f(X_1) - f(X_2))$.

　ステップ1とステップ2だけでも原理的には欲しい確率分布が得られるのですが，敢えてステップ3を付け加えています．ステップ3は X_1 と X_2 をメトロポリス法で入れ替えているだけなので，最終的に得られる確率分布には影響しません．しかし，X_2 が極小値にトラップされてしまった場合に，温度を T_2 から T_1 に上げることで極小値から逃げ出しやすくする効果があります．

　ステップ3（レプリカの交換）の頻度は変更可能です（1, 2, 3, 1, 2, 3,...

[*14]　式を見やすくするために，$X = \{x\}$ という記法を導入しました．

としないでも，1, 2, 1, 2, 3, 1, 2, 1, 2, 3,... などでも構いません).

もっとたくさんのレプリカを導入しても同じロジックが適用できます．M 個の「温度」$T_1 > T_2 > \cdots > T_M$ と「レプリカ」$X_1, X_2, \cdots, X_M$ を用いて作用 $S(X_1, X_2, \cdots, X_M) = \sum_{m=1}^{M} \frac{f(X_m)}{T_m}$ を定義します.

レプリカ交換法（レプリカが M 個の場合）

1. $X_1, X_2, \cdots, X_m$ をメトロポリス法などの通常のマルコフ連鎖モンテカルロで更新する.

2. $m = 1, 2, \cdots, M-1$ に対して，確率 $\min(1, e^{-\Delta S})$ で $X_m \to X'_m = X_{m+1},\ X_{m+1} \to X'_{m+1} = X_m$ という入れ替えを行う．ただし，$\Delta S = \left(\frac{1}{T_{m+1}} - \frac{1}{T_m} \right) (f(X_m) - f(X_{m+1}))$.

温度の間隔が十分に小さければ，温度が上がったり下がったりする確率が高くなり，極小値から逃げ出しやすくなります．そのため，現実的な計算時間で本当の最小値を見つけられる可能性が高くなります.

レプリカ交換法では，各レプリカのシミュレーション（ステップ1）は独立に行えるので，計算の並列化が簡単です．これは大規模な問題を調べる際にはありがたい性質です.

● レプリカ交換法: 簡単な関数の場合

レプリカ交換法は極小値を複数持つような状況で真価を発揮します．少々人工的ですが，$f(x) = (x-1)^2 \cdot ((x+1)^2 + 0.01)$ という簡単な関数を考えてみましょう（図 7.17）．この関数は $x = +1$ で最小値ゼロを取りますが，$x \simeq -1$ にも極小値があります．これはイジング模型で外部磁場 h を小さく取った場合とよく似ています．$e^{-f(x)/T}$ の分布は $x = \pm 1$ 付近にピークを持ちますが，温度 T の値が小さいほど真の最小値である $x = 1$ の周りが優勢になるはずです.

まずは単純に重みを $e^{-f(x)/T}$ に比例させ，メトロポリス法を用いたシミュレーションを実行してみましょう．初期値は $x = 0$ とします．すると，乱数次第で，最小値ではない極小値である $x \simeq -1$ に捕まってしまうことがあります．そのような状況が実現したケースを温度ごとにプロットした結果が図

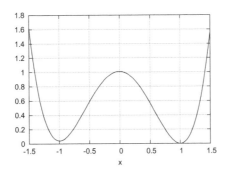

図 7.17　$f(x) = (x - 1)^2 \cdot ((x + 1)^2 + 0.01)$.

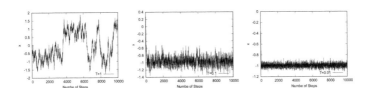

図 7.18　重みを $e^{-f(x)/T}$ として，ステップ幅 0.1 のメトロポリス法でシミュレーションした結果．左：$T = 1.0$，中央：$T = 0.1$，右：$T = 0.01$．初期値を $x = 0$ とし，最初の段階で $x = -1$ 付近の最小値ではない極小値に捕まってしまった場合をプロットした．温度が高いと極小値と真の最小値の間を行き来するが，温度が低いと極小値に留まり続けてしまう．

7.18 です．温度が高い（$T = 1.0$）時は，揺らぎが大きくなって二つの極小値の間を頻繁に行き来するので，$x = \pm 1$ の両方にピークを持つという高温領域での正しい分布を再現できます．ところが，T が小さいと，一度はまってしまった極小値の周りから逃げ出しにくくなっていくことがわかります．こうなると真の分布にはなかなか辿り着けません．これが局所最適解の問題です．

　次にレプリカ交換法を使ってみましょう．温度の逆数を $\beta = \frac{1}{T}$ とし，$\beta = 0.5$（$T = 2.0$）から $\beta = 1000$（$T = 0.001$）まで 0.5 刻みで 2000 個のレプリカを準備して行ったシミュレーションの結果が図 7.19 です．上段の履歴を見ると，熱化にはある程度時間はかかりますが，それぞれの温度ご

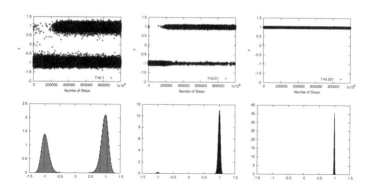

図 7.19　レプリカ交換法を用いた，温度ごとのシミュレーション結果．温度は，左から $T = 0.1, 0.01, 0.001$．上段はシミュレーションの履歴で，下段は 50 万ステップから 100 万ステップまでの x 頻度分布．点線で正しい分布を同時に描いているが，レプリカ交換法の結果が正確すぎてほとんど区別が付かない．

とに正しい分布に収束していく様子が見えます[*15]．実際，同じ図の下段に，十分に熱化した履歴の後半部分（50 万ステップから 100 万ステップまで）を用いて x の分布をプロットしていますが，厳密な値とほぼ完璧に重なっています．レプリカ交換法がうまく機能している様子が見て取れます．

　なお，このシミュレーションで用いたパラメーターには深い意味はありません．温度が小さいほど揺らぎが抑制されるので，ステップ幅も小さく取った方が効率が良くなるはずです．また，$\beta = 1/T$ の間隔を均等にする必要もありませんし，レプリカの交換頻度を調節して効率を良くすることもできるでしょう．

● レプリカ交換法: 巡回セールスマン問題の場合

　レプリカ交換法を巡回セールスマン問題に適用してみましょう．少々くどいですが，アルゴリズムを具体的に説明します．レプリカを M 個用意し，$m = 1, 2, \cdots, M$ でラベルします．各レプリカごとに，$i_1^{(m)} = 1 \to i_2^{(m)} \to$

[*15]　この例の場合に $T = 0.001$ はすぐに正しい分布に収束しているのに $T = 0.01$ や $T = 0.1$ では正しい分布に収束するまでに時間がかかってしまう理由は簡単です．$x = 0$ から出発すると，レプリカの入れ替えがない場合にはシミュレーション開始直後に二つの極小値のどちらに行くかはほぼ半々の確率です．レプリカの入れ替えを考慮すると，大雑把に言って，低温側の半分が本当の真空 $x = +1$ の周り，高温側の半分が $x = -1$ の周りになります．これは超低温では正しい結果ですが，全てのレプリカを含んだシステム全体としては正しい分布ではありません．シミュレーションを長時間続けると，高温側で生成された揺らぎが徐々に低温側に伝わっていき，正しい分布に収束します．

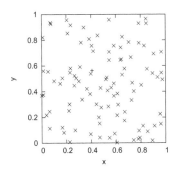

図 7.20　100 組の一様乱数 (x_i, y_i) $(i = 1, 2, \cdots, 100)$ を 100 個の都市とみなす．＋で表した点が (x_1, y_1)．都市間の距離は $r_{ij} = \sqrt{(x_i - x_j)^2 + (y_i - y_j)^2}$ で与えられる．

$\cdots i_N^{(m)} \to i_{N+1}^{(m)} = 1$ という順序で N 個の都市を回ります．この並び順 $I^{(m)} = \{i_1^{(m)}, i_2^{(m)}, \cdots\}$ に応じて $r_{\text{total}}^{(m)}$ が決まります．

レプリカ交換法の巡回セールスマン問題への適用例

1. 各レプリカごとに，$2 \le k < l \le N$ をランダムに選び，k 番目と l 番目を入れ替えたものを新しい経路の候補として提案する：$i_k^{(m)} \to i_k'^{(m)} = i_l^{(m)}$, $i_l^{(m)} \to i_l'^{(m)} = i_k^{(m)}$．この時の $r_{\text{total}}^{(m)}$ の変化を $\Delta r_{\text{total}}^{(m)}$ とする．この提案を確率 $\min(1, e^{-\Delta r_{\text{total}}^{(m)}/T_m})$ で受理する．

2. 各 m について，確率 $\min(1, e^{-\Delta S})$ で $I^{(m)} \to I'^{(m)} = I^{(m+1)}$, $I^{(m+1)} \to I'^{(m+1)} = I^{(m)}$ という入れ替えを行う．ただし，$\Delta S = \left(\frac{1}{T_{m+1}} - \frac{1}{T_m}\right)\left(r_{\text{total}}^{(m)} - r_{\text{total}}^{(m+1)}\right)$.

3. これをひたすら繰り返す．

　具体的には，$N = 100$ の場合を調べることにしましょう．100 組の一様乱数 (x_i, y_i) $(i = 1, 2, \cdots, 100)$ を 100 個の都市とみなすことにします．乱数の区間は 0 から 1 としました．以下の具体的な計算で用いる値を図 7.20 に示しました．＋で表した点が本社のある都市 (x_1, y_1) です．都市間の距離は

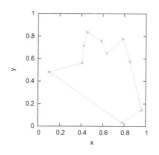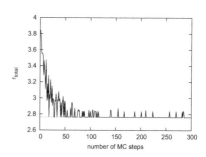

図 7.21 10 組の一様乱数 (x_i, y_i) $(i = 1, 2, \cdots, 10)$ を 10 個の都市とみなす．$+$ で表した点が (x_1, y_1)．都市間の距離は $r_{ij} = \sqrt{(x_i - x_j)^2 + (y_i - y_j)^2}$ で与えられる．[左] 最短経路を点線で示した．[右] レプリカ交換法で計算した，$\beta = 100$ での合計距離 r_{total} の変化．最短経路の距離を点線で示した．速やかに最短経路を見つけられていることがわかる．

$r_{ij} = \sqrt{(x_i - x_j)^2 + (y_i - y_j)^2}$ で与えられます*16．初期条件は何でも良いので，単純に全ての m について $i_2^{(m)} = 2, i_3^{(m)} = 3, \cdots, i_{100}^{(m)} = 100$ としてみます．温度の逆数 $\beta = \frac{1}{T}$ は $\beta_m = \frac{1}{T_m} = m \cdot \Delta\beta$ とします．$M = 200$，$\Delta\beta = 0.5$ としてみます．

$N = 100$ のシミュレーションに取り掛かる前に，まず，$N = 10$ を調べてみましょう．可能な経路の総数は $(N - 1)! = 9! = 362,880$ です．これくらいなら，全ての可能性を調べることができて，簡単に最適解を見つけることができます．それをレプリカ交換法で再現することが目標です．(x_i, y_i) $(i = 1, 2, \cdots, 10)$ を 10 個の都市とみなすことにします．レプリカ交換法のシミュレーション結果を図 7.21 に示しました．速やかに最短経路を見つけられていることがわかります．

続いて $N = 100$ の場合の結果を見てみましょう．500 ステップごとに $\beta = 100$ での r_{total} を計算し，その時点までに見つかった最小値を図 7.22 に赤線で示しました．緑の点は 10,000 ステップごとの $\beta = 100$ での r_{total} の値で，35,000,000 ステップ程度で熱化したように見えます．図 7.23 に，5,000 ステップ目，50,000 ステップ目，500,000 ステップ目，50,000,000 ステップ目までに見つかった最短ルートを図示しました．最後のものは交差のない綺麗な一筆書きになっています．

---

*16　問題設定を簡単にするために，地球が丸いことは忘れましょう．

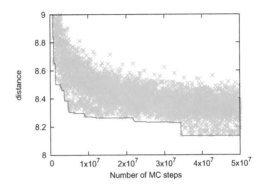

図 7.22　500 ステップごとに $\beta = 100$ での r_{total} を計算し，その時点までに見つかった最小値を赤線で示した．緑の点は 10,000 ステップごとの $\beta = 100$ での r_{total} の値.

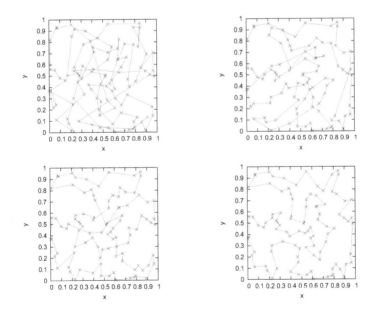

図 7.23　本文中で説明したパラメーター設定で見つかった最短経路．左上: 5,000 ステップ目まで，右上: 50,000 ステップ目まで．左下: 500,000 ステップ目まで，右下: 50,000,000 ステップ目まで.

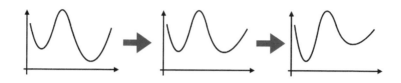

図 7.24　一次相転移の概念図. パラメーターを変化させていくと（例えば温度を下げていくと）あるところで大域的な最適解が入れ替わる.

● 一次相転移

　先ほど簡単な例として調べた $f(x) = (x-1)^2 \cdot ((x+1)^2 + 0.01)$ の例では, 分布に二つのピークが現れました. 同じような例は物理学の一次相転移の問題に現れます.

　一次相転移というのは理論のパラメーター（例えば温度）を変えていった時にあるところで系の性質が不連続に変化する現象です. これは, 図 7.24 のように局所最適解の重要さがパラメーターとともに変化し, あるところで大域的な最適解が入れ替わることで起こります. 例えばイジング模型の低温領域で外部磁場 h を変化させると, $h = 0$ で一次相転移が起きます.

　少々マニアックかもしれませんが, 面白い例としてブラックホールの熱力学があります. ブラックホールと言うと, 何でも飲み込んでしまい, 光すらも逃げ出せない天体だと聞いたことがあると思います. しかし, ホーキングはブラックホールの近傍での量子力学的な効果について考察し, 実はブラックホールは徐々に粒子を放出しながら蒸発するはずであると予言しました [28]*17. 7.4 節で紹介するホログラフィー原理によれば, ブラックホールの性質はある種のゲージ理論を用いて解析することができます. ブラックホールの生成や蒸発を調べるにはゲージ理論の温度を変えた時の相転移の様子を調べれば良いのですが, 多くの場合, ホーキング・ペイジ相転移 [29,30] と呼ばれる一次相転移が起きます. ホーキング・ペイジ相転移では, 最適解だけでなく, その間の分布の谷間の情報がブラックホールに関するとても面白い情報を持っていると期待されています [31,32]. かなり大規模な数値シミュレーションが必要とされるので現在のところは詳しくは調べられていません

---

*17　天文学で考察されるような大きなブラックホールの蒸発速度はとても遅く, 現在の技術で観測することはできません.

が, レプリカ交換法などを用いた詳しい研究が行われる日は近いでしょう.

7.4 素粒子物理学への応用

最後の例は素粒子物理学です. 厳密で難しそうな数学を駆使する素粒子物理学の研究にマルコフ連鎖モンテカルロ法のような泥臭い手法が使えるというのは意外に感じるかも知れませんが, 素粒子がどのような存在なのかを理解するとこれが自然なアプローチであることが見えてきます. キーワードは**場の量子論**と**ファインマンの経路積分**です.

ポイントは, 素粒子は文字通りの「粒子」ではなく, 空間のあらゆる場所に同時存在する「量子」であるということです. 素粒子というのは, 空間の一点に存在しているわけではなくて, その存在確率がボヤッと広がったような状態として存在しているのです. いきなり訳のわからないことを書きましたが, ご安心下さい. 筆者を含めて, 本当の意味で量子が何者かを直観的に理解している人は誰もいません[*18]. ただし, そのような存在をどのように扱えば良いかはわかっています. **場**と呼ばれる空間全体に広がった波のような量を考えて, その波が特定の作用関数で指定される確率分布に従うと考えれば良いのです. 素粒子の振る舞いを理解したければ, その素粒子を表す場の確率分布を理解すれば良いことになります. このような定式化はファインマンの経路積分 [34,35] と呼ばれます. ここが素粒子物理学とマルコフ連鎖モンテカルロ法の接点です.

7.4.1 量子色力学 (QCD)

例えば, 原子核内部の物理現象を知りたいと思ったとしましょう. 原子核は陽子や中性子, パイ中間子などのハドロンと呼ばれる粒子でできていますが, ハドロンはさらに基本的なクォークとそれらを結びつけるグルーオンからできています. クォークは六種類存在することが知られていますが, その中でも特に質量の小さなアップクォークとダウンクォークだけを

[*18] ファインマンの有名な講義録 [33] の量子力学の巻の冒頭には, 「原子的な物体の示す性質は, われわれの日常経験とあまりにもかけはなれているために, それに慣れるのは非常に難しい. それはだれにとっても — 初心者にとっても, また経験をつんだ物理屋にとっても — 非常に特異なものであり, また不可思議なものにみえる. 熟練した専門家でさえ, 彼らがそうであってほしいと思っている考え方によってそれを理解しているのではない」と書かれています. 場の量子論は量子力学よりもさらに訳のわからないものです.

考えることにしましょう．素粒子であるクォークとグルーオンは先述の場で表現され，クォークの場は $q_\alpha^{f,i}(x)$，グルーオンの場は $G_\mu^a(x)$ と書かれます．時間と空間の座標をまとめて x と表しました．クォーク場に付いている $f = 1,2$ はフレーバーと呼ばれ，アップクォークとダウンクォークを区別するラベルです．$i = 1,2,3$ はカラーと呼ばれ，クォークが持つ内部自由度です．$\alpha = 1,\cdots,4$ はクォークが持つスピンの自由度です[*19]．以下，クォーク場に付いているフレーバー以外の添え字は $I = (i,\alpha)$ のようにひとまとまりにして，$q_{f,I}(x)$ のように書くことにしましょう．グルーオン場に付いている $a = 1,\cdots,8$ もカラーに由来しています．グルーオンはクォーク同士を結びつけますが，クォークのカラーの組み合わせに応じて複数の自由度が存在します．$\mu = 0,\cdots,3$ は時空のラベルです．0 が時間，1，2，3 が空間を表します．グルーオンは「振動方向」を持つベクトル場であることに対応しています．

これらの場がどのように相互作用しているかを表す理論が量子色力学（<u>Q</u>uantum <u>C</u>hromo<u>d</u>ynamics，QCD）と呼ばれる場の量子論です．大切なのは，クォーク場とグルーオン場の作用関数が書き下せるということです．大まかには次のようになります：

$$S_{\text{QCD}}[G,q] = \int d^4x \left(\frac{1}{4} \sum_{\mu,\nu,a} F_{\mu\nu}^a(x)^2 + \sum_f \sum_{I,J} q_{f,I}^*(x) D(G)_{IJ} q_{f,J}(x) \right).$$

$$(7.59)$$

ただし，$F_{\mu\nu}^a(x)$ はグルーオン場 $G_\mu^a(x)$ から作られる場の強さと呼ばれる量，$D(G)_{IJ}$ はディラック演算子と呼ばれる同じくグルーオン場から作られる行列です．$\int d^4x \cdots$ は空間三次元と時間一次元の合計四次元の積分です．本来なら，アップクォークとダウンクォークは質量が少し違うのでディラック演算子も違った形になるのですが，同じ質量だとしてもそれなりに良い近似になっているので，ここでは両方に共通のディラック演算子を使いました．

先ほど述べたように，場の確率分布が $e^{-S_{\text{QCD}}[G,q]}$ に従うと考えるのが場の量子論[*20] なので，何らかの方法でこの確率分布を計算することができれ

[*19]　スピンをご存じの方は，スピンなら 4 自由度ではなくて 2 自由度ではないのかと思うかも知れませんが，相対性理論を前提にすると粒子と反粒子を同時に扱わなければいけなくなるので，自由度が倍になります．

[*20]　正確にはユークリッド化された場の量子論です．また，自然単位系を採用して，プランク定数 $\hbar$ と光速 c を 1 としています．

ば，素粒子の相互作用を理解できることになります．その「何らかの方法」の一つとしてマルコフ連鎖モンテカルロ法を利用しようと考えるのは極めて自然です．

ところが，問題が二つあります．一つは，この場合，確率変数である場自体が関数なので，無限自由度の確率を扱わなければいけないという点．もう一つは，クォーク場は普通の数ではなく，$\theta\xi = -\xi\theta$ のように，掛け算の順序を逆にするとマイナス符号を出すグラスマン数という数で表されている点です．

最初の問題を解決する方法はいくつか提案されていますが，マルコフ連鎖モンテカルロ法と相性が良いのは，連続的な時空間を格子で近似し，場はその格子の上に分布している確率変数であると解釈してしまう方法です [36]．このような理論を**格子場の理論**と呼びます．QCD の格子版は格子 QCD[*21]と呼ばれます．有限自由度の確率分布を計算し，格子の分割をどんどん細かくしていくことで連続的な場の理論の結果を読み取ろうという作戦です．格子場の理論では，クォーク場は格子点上に，振動方向を持つグルーオン場は格子と格子をつなぐリンク上に定義すると便利です．作用関数は次のような形になります：

$$S_{\text{QCD}}^{\text{lat}}(G, q) = S(G) + \sum_f \sum_{I,J,x,y} q^*_{f,I,x} D_{Ix;Jy}(G) q_{f,J,y}. \tag{7.60}$$

ここで，x, y は格子点を表しています．第一項の $S(G)$ はグルーオン場の作用を格子上の作用として近似したものです．第二項のディラック演算子の添え字に x, y が入っているのは，連続理論の作用関数に場の微分が含まれていることに由来しています．微分は微小変化を表すので，格子で近似すると隣同士の格子点にいる場の差分に変化するのです．結果として，ディラック演算子は，カラーやスピンの自由度に加えて時空の自由度までも内包した巨大な行列として表現されます．

これで第一の問題は解決されて，首尾良く有限自由度の確率分布になりましたが，まだ第二の問題が残っています．第二項はグラスマン数 $q_{I,x}$ が含まれていますが，既存のコンピュータではグラスマン数を効率よく表現できません．しかし幸いなことにクォーク場だけを見るとガウス分布です．したがって，熱浴法と同じ考え方で，グルーオン場 G_μ^a は固定したままクォーク場

---

*21　日本語で書かれた定評のある教科書に文献 [5] があります．

の分布を全て積分してしまえば良いのです．多変数のガウス分布の積分は，積分変数が通常の数なら行列式の逆数になるところですが，今の場合は積分変数がグラスマン数なので行列式そのものになります．最終的に，クォーク場を予め足し合わせて得られた

$$P(G) \propto \det(D(G) \cdot D^\dagger(G)) \cdot e^{-S(G)} \tag{7.61}$$

という確率分布を計算せよ，というのが格子 QCD シミュレーションの目標になります*22．

● **擬フェルミオンを用いた HMC 法**

確率分布 (7.61) は一見複雑ですが，所詮は有限自由度の確率分布です．原理的には，この本で解説してきたマルコフ連鎖モンテカルロ法の手法がそのまま適用できます．しかし，行列式 $\det(DD^\dagger)$ の計算は非常に大変で，このままでは実際問題としては手に負えません．現実的な計算機資源で意味のある結果を出すためにはもう一工夫必要です．

そこで，複素ベクトル F を補助場として導入して $\det(DD^\dagger)$ を次のように書き直します：

$$\det(DD^\dagger) \propto \int dF \exp\left(-F^\dagger(DD^\dagger)^{-1}F\right). \tag{7.62}$$

すると，確率分布 (7.61) を得るためには，作用関数を

$$\tilde{S}(G,F) \equiv S(G) + F^\dagger(DD^\dagger)^{-1}F \tag{7.63}$$

とし，$e^{-\tilde{S}}$ を重みとして用いて計算すれば良いことがわかります*23．これを HMC 法とギブスサンプリング法の併せ技でシミュレーションします．

具体的なシミュレーションの手順は以下の通りです [8]．まず，G を

---

*22　実はこの段階で近似を一つ行っています．(7.60) のクォーク場を足し合わせると，正しくは $\det(DD^\dagger)$ ではなくて $\det(DD)$ になります．ところが，一般にはディラック演算子の行列式は正定値になるとは限りません．複素数になることもざらです．確率分布はもちろん正の実数でなければいけないので，このままではマルコフ連鎖モンテカルロ法を適用できません．そこで，ディラック演算子の行列式から生じる符号を無視して，$\det(DD^\dagger)$ と置き換えたのです．行列式から生じる符号が決定的に重要な役割を果たすような物理現象を扱う際には，この符号を別途考える必要があります．幸いなことに，QCD の研究ではディラック演算子の行列式が正定値である場合に限っても様々な物理的に重要な現象を調べることが可能です．

*23　この F は物理用語では擬フェルミオン (pseudo-fermion) と呼ばれます．場の量子論の知識がある読者は，フェルミオンの積分で出てくるのと同じ行列式因子を与えるボソンなので擬フェルミオンと呼ばれるのだと思って下さい．

固定して，F をギブスサンプリング法で更新します．$F^\dagger (DD^\dagger)^{-1} F = F^\dagger (D^\dagger)^{-1} D^{-1} F = (D^{-1}F)^\dagger (D^{-1}F)$ なので，

$$\Phi \equiv D^{-1} F \tag{7.64}$$

とすれば，Φ の重みはガウシアン $e^{-\Phi^\dagger \Phi}$ になることに注意し，Φ をボックス・ミュラー法で生成したガウシアン乱数を用いて更新しましょう．Φ が与えられれば，$D\Phi = F$ を解いて F を構成することができます．

次に，F を固定して G を HMC 法で更新します．ハミルトニアンを

$$H = \frac{1}{2} \mathrm{Tr} PP^\dagger + \tilde{S}[G, F] \tag{7.65}$$

とします．G の共役運動量は $P^\dagger$ とします．すると，ハミルトン方程式は

$$\frac{dG_{ij}}{d\tau} = P_{ij}, \tag{7.66}$$

$$\frac{dP_{ij}}{d\tau} = -\frac{\partial \tilde{S}}{\partial G_{ij}^\dagger} = -\frac{\partial S}{\partial G_{ij}^\dagger} + \chi^\dagger \frac{\partial (DD^\dagger)}{\partial G_{ij}^\dagger} \chi \tag{7.67}$$

となります．ただし，$\chi = (DD^\dagger)^{-1} F$ です．これは $(DD^\dagger)\chi = F$ を解いて求めることができます．

手順をまとめておきます：

擬フェルミオンを用いた HMC 法による格子 QCD シミュレーション

1. Φ をガウシアンの重みで生成する．
2. $D\Phi = F$ を解いて F を求める．
3. F を固定して G を HMC 法で更新する．
4. 以上をひたすら繰り返す．

計算の大部分は $(DD^\dagger)\chi = F$ を解いて χ を求めるところに費やされます．これは一般には大変な計算ですが，今考えている例では D の形にある程度制限がついていて疎行列になっており，共役勾配法（CG 法）という手法で効率よく計算可能です．そのため，行列式を直接計算するよりもはるかに効率的なシミュレーションが可能になります．CG 法については Appendix E を参照して下さい．

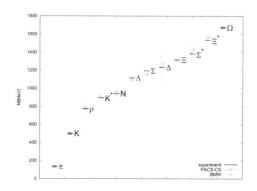

図 7.25   HMC 法を用いた格子 QCD シミュレーションによる様々なハドロンの質量の計算結果.
文献 [11](PACS-CS collaboration) と [12](BMW collaboration) を元に作成した.

　HMC 法を用いたシミュレーションの例として，クォークとグルーオンか
らできている様々なハドロンの質量の計算結果を図 7.25 に示しました[*24].
N は核子（陽子と中性子），π はパイ中間子です. π, K, Ω という粒子の質量
が実験結果と合うように理論のパラメーターを調整すれば，他の粒子の質量
を全て計算することが可能です. 得られた結果は実験結果とよく一致してい
ます.

7.4.2　超弦理論とホログラフィー原理

　超弦理論は重力（一般相対性理論）と量子力学を矛盾なく統合する理論の
有力な候補です[*25]. 超弦理論は非常に複雑な歴史を持っています. そもそ
もは 1960 年代にハドロンの性質を説明しようという動機で導入されました.
7.4.1 節で説明したように，自然界には様々なハドロンが存在しますが，そ
れをある種の弦の異なる振動状態として理解できないだろうかというアイ
デアです. このアイデアは非常に魅力的で，1970 年代の初めにかけて多く
の研究者を惹きつけました. しかし，ハドロンを記述する理論としては致命
的な問題点がいくつか見つかり，一方で QCD はハドロンの理論として望ま

[*24]　厳密にいうと，u クォークと d クォークを HMC 法で取り扱い，s クォークの効果は他の手法で取
り入れています. また，u クォークと d クォークの質量の差や電磁気力などは無視しています. 他
にも様々な工夫を凝らして計算を高速化しています.

[*25]　超弦理論の標準的な教科書には文献 [37, 38, 39, 40] などがあります. 日本語の一般向け解説書とし
ては文献 [41, 42] などが優れています.

しい性質を持っていることが明らかになったので，1970 年代の半ばには研究者の大多数は超弦理論の研究を放棄しました．しかし，強い相互作用の理論としての欠陥が実は重力の量子論としては長所になることが認識され，1980年代半ばに劇的な復活を遂げ，現在に至るまで活発な研究が続いています．

　重力の量子論がどのようなものかはまだ誰も知りませんが，ブラックホールの研究を通じて一つのヒントが得られています．ブラックホールはアインシュタイン方程式の解で，ひとたびその領域に飛び込んでしまうと光すら逃げられないという極端な時空構造を持っています．このブラックホールが重力の量子論に直結するかも知れないという認識は，ブラックホールが温度とエントロピーを持つというホーキングの発見に由来します．

　エントロピーとは，言うなれば「隠された情報量」です．例えば私たちが今いる部屋に満ちている部屋には静かな空気が満ちています．その巨視的な状態を指定するには，温度や気圧といった少数の情報を指定すれば十分です．しかし，この静かな空気の実態は大量の分子が動き回りながら絶えず衝突する大変アクティブな状態です．巨視的な量では見分けのつかない状態がどれくらいあるかを表すのがエントロピーです．ブラックホールも，どのようにして形成されたのかによって様々な微視的状態があり得ます．こういったブラックホールの中に隠れた情報がエントロピーだと解釈できます．

　非常に興味深いことに，ブラックホールのエントロピーはその表面積に比例します [28, 43]．通常，エントロピーは体積に比例します．例えば先ほどの空気の例なら，部屋の体積が倍になれば中に含まれている分子の数も倍になるので，その中に含まれる情報量も倍になるはずです*26．ブラックホールは物体を吸い込めばそれだけ大きくなるので，その大きくなった体積の分だけエントロピーが増えると考えたくなりますが，実際にはブラックホールのエントロピーの増加はそれよりも緩やかで，表面積に比例するというのです．

　これは大変示唆的です．重力理論は時空そのものの理論です．その量子論が完成した暁には，その理論には「時空」は登場せず，時空の元になる何物かが基本的な自由度になるはずです．そして，その自由度は時空の内部ではなく，時空を囲む表面に分布するようになっていない限り，ブラックホールのエントロピーは説明できません．このことから，時空本来の自由度は時空内部に満ちているのではなく，より次元の低い "表面" の自由度が反映した "幻"

---

*26　分子の一つ一つの座標と速度を指定するとすれば，N 個の分子に対して合計 $6N$ 個の数字を指定する必要があります．分子数 N が 2 倍になれば，必要な数字の個数も 2 倍になります．

のようなものではないか，という予想がトフーフトとサスキンドによって立てられることになります．これをホログラフィー原理 [44, 45] と呼びます．

　ホログラフィー原理は提唱された当初は抽象的な標語のような意味しか持ちませんでしたが，20 世紀が終わろうとする頃，マルダセナによってゲージ/重力対応 [46] が発見されたことによって一気に具体性を帯びました．マルダセナは，超弦理論の中でブラックホールと同等の役割を果たす D ブレーンと呼ばれる物体を調べ，D ブレーンが作る時空の自由度がその表面に定義された超対称ゲージ理論と同等であるという予想を提示したのです．超対称ゲージ理論は先ほど登場した量子色力学の親戚で，重力を含まない理論です．重力を含む超弦理論と重力を含まない超対称ゲージ理論が等価であるというのは実に驚くべき予想であり，当初は多くの人が疑いの目を向けました．しかし，この予想は 20 年以上にわたって様々な検証にさらされましたが，今のところほころびは見つかっていません．むしろ，この予想が正しいことを示唆する非自明な証拠が次々と見つかり，もはや疑いを持つ研究者はほとんどいないという状況です．もちろん，この結果が即我々が暮らす宇宙が "幻" であることを示すわけではありませんが，具体的な時空構造とそれに対を成す表面上の理論が特定されたのは大きな一歩でした．特に，超弦理論という媒介を通じてホログラフィー原理の一例が見つかったことは，超弦理論が重力の量子論になっているという予想を強く裏付ける結果となりました．

　ゲージ/重力対応は，超弦理論がホログラフィー原理を通じて超対称ゲージ理論によって記述される，言い換えると「超対称ゲージ理論を調べれば超弦理論の性質がわかる」ことを主張します．超対称ゲージ理論は量子色力学の親戚なので，同じようなシミュレーション手法が適用可能です．したがって，マルコフ連鎖モンテカルロ法を用いて超対称ゲージ理論の性質を調べることで量子重力の性質を研究することが可能になるのです[*27]．

　この本にはその詳細を書くだけの余裕はありませんが，超対称ゲージ理論のマルコフ連鎖モンテカルロ法には有益なアルゴリズムがたくさん使われているので，その一部を紹介することにしましょう．

● RHMC 法

　先ほど格子 QCD を紹介した時，ディラック演算子という巨大な行列に関

[*27]　これが筆者がマルコフ連鎖モンテカルロ法の勉強を始めた理由です．

して $\det(DD^\dagger)$ という量を評価する必要がありました. 超対称ゲージ理論にも同様の量が現れるのですが, 理論によっては

$$\left(\det(DD^\dagger)\right)^{1/4} e^{-S(G)} \tag{7.68}$$

のように行列式の分数の巾が登場することがあります. この場合にも, 先ほどと同様, 複素ベクトル F を補助場として導入して $\left(\det(DD^\dagger)\right)^{1/4} \propto \int dF \exp\left(-F^\dagger (DD^\dagger)^{-1/4} F\right)$ と書き直せるので, 作用関数を

$$\tilde{S}(G, F) \equiv S(G) + F^\dagger (DD^\dagger)^{-1/4} F \tag{7.69}$$

として, $e^{-\tilde{S}}$ を重みとして用いて計算すれば良いことがわかります. ところがこの場合, このまま何の工夫もなくシミュレーションを実行すると, 逆行列だけでなく, 行列の分数冪の計算までしなくてはならなくなり, 大変な計算時間がかかります.

ここで登場するのが有理式近似 (rational approximation) です:

$$x^{1/8} \simeq a_0 + \sum_{i=1}^{Q} \frac{a_i}{x + b_i}, \quad x^{-1/4} \simeq a_0' + \sum_{i=1}^{Q'} \frac{a_i'}{x + b_i'} \tag{7.70}$$

Q, Q' を十分大きく取ると, 一定の範囲の x に関して非常に良い近似が得られるのです[*28]. この近似が F のギブスサンプリングと作用の計算の両方で大活躍します.

まずは F のギブスサンプリングです. これは先ほどと同様, $\Phi = (DD^\dagger)^{-1/8} F$ をガウス分布によって生成するのですが, Φ から F を求める時に (7.70) を用いて

$$F = (DD^\dagger)^{1/8} \Phi \simeq a_0 \Phi + \sum_{i=1}^{Q} a_i (DD^\dagger + b_i)^{-1} \Phi \tag{7.71}$$

を評価します. $(DD^\dagger + b_i)^{-1} \Phi$ の計算は $i = 1, 2, \cdots, Q$ について繰り返す必要はありません.

$$\left(DD^\dagger + b_i\right) \chi_i = \Phi \tag{7.72}$$

という Q 個の方程式を一斉に解く方法 (multi-mass solver) が知られており,

[*28] この近似の係数を Remez 法と呼ばれるアルゴリズムで計算するプログラムが RHMC 法の提唱者の一人である M. A. Clark 氏によって `https://github.com/maddyscientist/AlgRemez` で無償で提供されています.

それを利用するのが定石です. 詳細は Appendix E2 を参照して下さい.

F を固定して G を HMC で更新する時にも,(7.70) を利用して,ハミルトニアンを

$$H = \frac{1}{2}\mathrm{Tr}(PP^\dagger) + S(G) + a_0' F^\dagger F + \sum_{i=1}^{Q'} a_i' F^\dagger (DD^\dagger + b_i')^{-1} F \quad (7.73)$$

のように近似します. 先ほどと同様に,multi-mass solver で

$$\left(DD^\dagger + b_i'\right)\chi_i' = F \quad\quad\quad (7.74)$$

を一斉に解くと,このハミルトニアンはさらに

$$H = \frac{1}{2}\mathrm{Tr}(PP^\dagger) + S(G) + a_0' F^\dagger F + \sum_{i=1}^{Q'} a_i' \chi_i'^\dagger (DD^\dagger + b_i')\chi_i' \quad (7.75)$$

と書き換えられるので,ハミルトン方程式は

$$\frac{dG_{ij}}{d\tau} = P_{ij}, \quad\quad\quad\quad\quad (7.76)$$

$$\frac{dP_{ij}}{d\tau} = -\frac{\partial \tilde{S}}{\partial G_{ij}^\dagger} = -\frac{\partial S}{\partial G_{ij}^\dagger} + \sum_{k=1}^{Q'} a_k' \chi_k'^\dagger \frac{\partial(DD^\dagger)}{\partial G_{ij}^\dagger}\chi_k' \quad (7.77)$$

のように QCD とほとんど同じ形になるのです.

有理式近似(Rational approximation)と HMC を組み合わせるアルゴリズムを RHMC 法 [9,10] と呼びます. 手順をまとめておきます:

RHMC 法による超対称ゲージ理論のシミュレーション

1. Φ をガウシアンの重みで生成する.
2. $\left(DD^\dagger + b_i\right)\chi_i = \Phi$ を一斉に解いて χ_i を求める. $F \simeq a_0\Phi + \sum_{i=1}^{Q} a_i\chi_i$ を用いて F が求まる.
3. $\left(DD^\dagger + b_i'\right)\chi_i' = F$ を一斉に解いて χ_i' を求める. (7.75) を用いて H_i を計算.
4. F を固定して G をリープフロッグ法で時間発展させる. ハミルトン方程式には (7.76),(7.77) を用いる(F が固定されていても G が変われば χ_i' も変わることに注意. リープフロッグの各ステップ

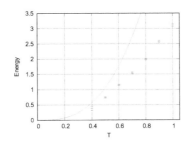

図 7.26 RHMC 法を用いてシミュレーションした極大超対称行列量子力学のエネルギーの温度依存性. 横軸は温度, 縦軸はエネルギー. 緑の線は一般相対性理論で計算したブラックホールの質量, 青線は一般相対性理論に対する補正を考慮したフィット. 文献 [14] を元に作成した.

で $\left(DD^\dagger + b_i'\right) \chi_i' = F$ を一斉に解いて χ_i' を求める必要がある).

5. $\left(DD^\dagger + b_i'\right) \chi_i' = F$ を一斉に解いて χ_i' を求める. (7.75) を用いて H_f を計算.

6. メトロポリステストを行い, リープフロッグ法で時間発展させた G を受理あるいは棄却する.

　RHMC 法を用いると, ホログラフィー原理を通じてブラックホールを記述する超対称ゲージ理論をシミュレーションすることができます. 図 7.26 に, そのような理論の一つである「極大超対称行列量子力学」のシミュレーション結果を示しました. 横軸は温度, 縦軸はエネルギーです. アインシュタインによる有名な公式 $E = mc^2$ により, このエネルギーはブラックホールの質量と同一視されます. 対応するブラックホールがどのようなものかは文献 [47] で明らかにされています. このブラックホールのエネルギーを一般相対性理論で計算したのが緑の線です. ホログラフィー原理によれば極大超対称行列量子力学と一般相対性理論は低温に行くほどよく一致するべきなのですが, 実際, 温度が下がるにつれてシミュレーション結果が緑の線に近づいていくことが見て取れます. 青線は一般相対性理論に対する超弦理論特有の補正を考慮したフィットの結果です.

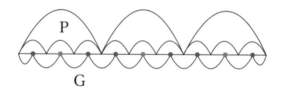

図 7.27　複数のステップ数を組み合わせたリープフロッグ法. $N_\tau = 3$, $l = 1$ の場合.

7.4.3　更なる効率化

● 多重ステップ法（Multi time step method）

　HMC や RHMC では，変数 G に働く力 $-\frac{\partial S}{\partial G}$ が大きいと離散化に伴う誤差が大きくなり，ハミルトニアンの変化が大きくなってしまい，受理確率が落ちます. そのため，大きな力が働く変数には小さなステップサイズを用いることで受理確率を上げることができます.

　多重ステップ法 [48] は 同じ変数に複数のステップサイズを用いる という非常にうまいアイデアです. ハミルトニアンが

$$H = \sum P^2 + S_1[G] + S_2[G] \tag{7.78}$$

と書けており，S_1 に起因する力は S_2 に起因する力よりも遥かに大きかったと仮定します. S_1 と S_2 に対し，二つの異なるステップサイズ $\Delta\tau_1$ と $\Delta\tau_2$ を

$$\Delta\tau_2 = (2l + 1)\Delta\tau_1 \tag{7.79}$$

となるように導入します. ただし，l は自然数とします. 図 7.27 のようにしてリープフロッグを定義します. 全体のステップ数は $(2l + 1)N_\tau$ です. 時間幅は常に $\Delta\tau_1$ とし，運動量 P の時間発展に用いる力は青点では $-\frac{\partial S_1}{\partial G}$，赤点では $-\frac{\partial S_1}{\partial G} - (2l + 1)\frac{\partial S_2}{\partial G}$ とします. こうすると，S_1 に起因する力は $\Delta\tau_1$ ごとに，S_2 に起因する力は $\Delta\tau_2$ ごとに取り込むことになります. QCD や超対称ゲージ理論の場合には，$S_1 = S(G)$ とし，S_2 を行列式 $\det(DD^\dagger)$ に起因する項とすることができます. S_1 に起因する力は大きいので頻繁に計算する必要があるのですが，一回ごとの計算量は微々たるものです. 一方で，S_2 に起因する力は小さいけれども一回ごとの計算量が膨大になるので，で

きるだけ計算回数を減らしたいわけです.

● n 乗根トリック

行列式に起因する力が大きい場合には,素朴な多重ステップ法は機能しません.例えば超対称ゲージ理論の低温領域ではこのような問題があります.その様な場合には「n 乗根トリック」が有効です.

擬フェルミオンを一つではなくて n 個導入してみます.すると,

$$\left(\det(DD^\dagger)\right)^{1/4}$$
$$= \int dF_1 dF_1^* \cdots dF_n dF_n^* \exp\left(-\sum_{i=1}^{n} F_i^\dagger (D^\dagger D)^{-1/4n} F_i\right) \qquad (7.80)$$

となります.RHMC 法を用いればこの作用で記述される系をシミュレーションできます((7.70)のところを $x^{1/8n}$ と $x^{-1/4n}$ の有理式近似に変更するだけです).擬フェルミオンが n 個あるので同じ様な計算を n 回繰り返す必要がありますが,行列式に起因する力が大幅に小さくなる(大体 n 乗根になる)おかげでステップサイズを大きくとって計算回数を減らすことができます.

謝辞

筆者は教科書や文献よりはむしろ研究を通じて試行錯誤しながらマルコフ連鎖モンテカルロ法を学びました．学生・ポスドク時代という研究の初期段階では，川合光さん，西村淳さんを始めとする多くの方々に手ほどきをしていただきました．これらの方々なくして，この本が世に出ることはなかったでしょう．改めて感謝します．我々は幸運にも数値計算に詳しい方々から直接学ぶ機会を得ましたが，この本を通じて，さらに多くの方々にマルコフ連鎖モンテカルロ法に親しんでいただければ望外の喜びです．

本書の執筆に当たっても多くの知人，同僚の協力がありました．特に，早見均さんからは，7.1 節を改善するための様々なコメントをいただきました．磯山総一郎さん，工藤究さん，小林宏充さん，酒井志朗さん，手塚真樹さん，花田芳実さん，渡辺展正さんも本書の原稿を注意深く読んで多くのコメントを下さいました．他にも，青木慎也さん，Guy Gur-Ari さん，Cammy Kramer さん，Enrico Rinaldi さん，David Schaich さんからも本書の構成について有益な意見をいただきました．講談社サイエンティフィックの編集担当の大塚記央さんにもお世話になりました．

本書の執筆初期の段階で花田に快適な環境を提供して下さったブラウン大学の皆さん，特に Antal Jevicki さん，Mary Ann Rotondo さん，Marcus Spradlin さん，Anastasia Volovich さんに感謝します．また，陰に陽に松浦をサポートしてくださった慶應義塾大学の皆様に感謝します．

Appendix

A サンプル・プログラムのリスト

A1 サンプル・プログラムの入手方法

　C，C++で書かれたサンプルコードを `https://github.com/masanorihanada/MCMC-Sample-Codes` からダウンロードできます．ライブラリ等は使用していないので，通常の C あるいは C++のコンパイラーだけでコンパイル可能です．Python3 のコードも同じ GitHub アカウントで提供します．

A2 モンテカルロ法（マルコフ連鎖モンテカルロ法以外）

● 円周率の計算: その 1（2.2.1 節）
<ファイル名> **pi_MC.c**
<指定するパラメーター> **niter**
<出力結果> 試行回数（サンプル数），扇形の面積の近似値
<プログラムの内容>
　扇形に落ちる点の数から扇形の面積を計算するプログラムです．合計の試行回数 **niter** を動かして，どの程度 $\frac{\pi}{4}$ に近い値が得られるかを試してみて下さい．

● 円周率の計算: その 2（2.2.2 節）
<ファイル名> **pi_MC_integral.c**
<指定するパラメーター> **niter**
<出力結果> 試行回数（サンプル数），$\int_0^1 dx\sqrt{1-x^2}$ の近似値
<プログラムの内容>
　$\sqrt{1-x^2}$ を積分するプログラムです．これも $\frac{\pi}{4}$ に収束しますので **niter** を動かして確認してみて下さい．

● 三次元球の体積の計算（2.3 節）
<ファイル名> **three_sphere.c**
<指定するパラメーター> **niter**
<出力結果> 試行回数（サンプル数），三次元球の体積の近似値
<プログラムの内容>
　三次元球の体積を求めるプログラムです．結果は $\frac{4\pi}{3}$ に収束します．

202 Appendix

A3　メトロポリス法

● メトロポリス法での一変数ガウス積分（4.2 節）

<ファイル名> **Gaussian_Matropolis.c**
<指定するパラメーター> **niter, step_size**
<出力結果> x, 更新の提案の受理確率
<プログラムの内容>

　一変数のガウス分布 $P(x) = \frac{1}{\sqrt{2\pi}} e^{-\frac{x^2}{2}}$ を生成するシミュレーションコードです. $x^{(1)}, x^{(2)}, \cdots, x^{(k)}, \cdots$ を順々に書き出します. 初期値は $x^{(0)} = 0$ としてあります. $S(x)$ を他の関数に書き変えれば, ガウス分布以外にも様々な確率分布が調べられます（**action_init**= ... と **action_fin**= ... を書き変えます）. サンプル数 **niter** とステップ幅 **step_size** を色々変えて, 結果がどう変わるかを試してみて下さい.

● メトロポリス法での二変数ガウス積分（5.1 節）

<ファイル名> **Gaussian_Metropolis_2variables.c**
<指定するパラメーター> **niter, step_size_x, step_size_y**
<出力結果> x, y, 更新の提案の受理確率
<プログラムの内容>

　二変数ガウス分布を生成するプログラムです.

$$P(x,y) \propto e^{-\frac{x^2+y^2+xy}{2}} \tag{A.1}$$

としています. $S(x,y)$ を他の関数に書き変えれば, 様々な確率分布が調べられます（**action_init**= ... と **action_fin**= ... を書き変えます）. 作用の詳細に依って, x のステップ幅 **step_size_x** と y のステップ幅 **step_size_y** を異なる値に取った方が効率が良い場合もあります.

● メトロポリス法での二次元イジング模型のシミュレーション（7.2.3 節）

<ファイル名> **2d_Ising_Metropolis.cpp**
<指定するパラメーター> **niter, nx, ny, coupling_J, coupling_h, temperature, nskip, nconfig**
<出力結果>
　output.txt: スピンの合計値, エネルギー, 更新の提案の受理確率
　output_config.txt: 最後の配位（x 座標, y 座標, スピン）
<プログラムの内容>

　メトロポリス法で二次元イジング 模型をシミュレーションするプログラムです. 格子サイズは x 方向と y 方向の格子点数 **nx** と **ny** で指定します. **coupling_J** と **coupling_h** はエネルギーの定義 (7.45) に現れるパラメーター J と h で, **temperature** は温度 T です. **nskip** で指定されたステップ数ごとにスピンの合計値とエネルギー, 更新の提案の受理確率を測定して **output.txt** というファイルに出力します.

メトロポリス法では相転移点付近で自己相関が長くなってしまうので，シミュレーションを継続できるように，最後の配位を **output_config.txt** というファイルに保存します．

nconfig $= 1$ ならば全てのスピンが $+1$，**nconfig** $= -1$ ならば全てのスピンが -1 という初期条件でシミュレーションを開始します．すでに存在する配位（先ほどの **output_config.txt**）を読み込んでシミュレーションを開始したい場合には，ファイル名を **input_config.txt** に変更し，**nconfig** $= 0$ として下さい．

● メトロポリス法でのコイン投げのベイズ更新（7.1.5 節）
<ファイル名> **Bayes_coin_toss_metropolis.c**
<指定するパラメーター> **niter, step_size**
<出力結果> p，更新の提案の受理確率
<プログラムの内容>

メトロポリス法でのコイン投げのベイズ更新を行うプログラムです．本文で用いた例 $n = 1000, k = 515$，$P(p) \propto e^{-100\left(p - \frac{9}{10}\right)^2}$ に対応する作用 S を用いています．詳細は (7.39) 式付近の説明を参照して下さい．他の例を試すには，S を書き変えて下さい（**action_init**= ... と **action_fin**= ... のところです）．

● メトロポリス法での二変数ガウス分布のベイズ更新（7.1.5 節）
<ファイル名> **Bayes_Gaussian_Metropolis.cpp**
<指定するパラメーター> **niter, av_x, av_y, av_xx, av_yy, av_xy, nsample, step_A, step_mu, nskip**
<出力結果> A_{11}，A_{22}，A_{12}，μ_1，μ_2，更新の提案の受理確率
<プログラムの内容>

メトロポリス法を用いて二変数ガウス分布をベイズ更新をするプログラムです．**nsample** $= n$ 個のサンプル $\{x^{(1)}, y^{(1)}\}, \cdots, \{x^{(n)}, y^{(n)}\}$ を平均して得られた **av_x** $= \bar{x}$，**av_y** $= \bar{y}$，**av_xx** $= \overline{xx}$，**av_yy** $= \overline{yy}$，**av_xy** $= \overline{xy}$ を用いて，事前分布を $P(\{A_{ij}, \mu_i\}) \propto e^{-\frac{1}{2}\sum_{i,j}|A_{ij}|^2 - \frac{1}{2}\sum_i |\mu_i|^2}$ としてベイズ更新をします．メトロポリス法のステップ幅を **step_A**，**step_mu** としています．**nskip** はメトロポリス法のサンプル採取頻度です．**niter** と **nsample** が紛らわしいので気を付けて下さい．**niter** はシミュレーションで採取するサンプル数，**nsample** は $\bar{x}$ などの計算に用いたサンプル数（本文中の n）です．

A4　HMC 法

● HMC 法での一変数ガウス積分（6.1.4 節）
<ファイル名> **Gaussian_HMC.cpp**
<指定するパラメーター> **niter, ntau, dtau**
<出力結果> x，$\langle x^2 \rangle$，更新の提案の受理確率
<プログラムの内容>

一変数のガウス分布 $P(x) = \frac{1}{\sqrt{2\pi}} e^{-\frac{x^2}{2}}$ のシミュレーションコードです．**ntau** と

dtau を動かした時に更新の提案の受理確率や収束の速さがどう変わるかを調べてみて下さい.

calc_action と calc_delh を書き変えれば, ガウス分布以外にも様々な確率分布が調べられます.

● HMC 法での多変数ガウス積分 (6.1.5 節)

<ファイル名> Gaussian_HMC_multi_variables.cpp
<指定するパラメーター> niter, ntau, dtau, ndim
<出力結果> x, y, z, 更新の提案の受理確率
<プログラムの内容>

多変数のガウス分布 $P(\{x\}) \propto e^{-\frac{1}{2}\sum_{ij} A_{ij} x_i x_j}$ のシミュレーションコードです. 変数の数 ndim を好きな値に設定できます (ndim というのは次元 (dimension) の数 (number) という意味です). A_{ij} は main の中で好きな値に設定して下さい. 初期設定では ndim = 3, $P(x,y,z) \propto e^{-\frac{x^2+2y^2+2z^2+2xy+2yz+2zx}{2}}$ としています. 実行結果は図 6.8 と図 6.9 を参照して下さい.

calc_action と calc_delh を書き変えれば, ガウス分布以外にも様々な確率分布が調べられます.

● HMC 法での二変数ガウス分布のベイズ更新 (7.1.5 節)

<ファイル名> Bayes_Gaussian_HMC_2variables.cpp
<指定するパラメーター> niter, av_x, av_y, av_xx, av_yy, av_xy, nsample, ntau dtau_A, dtau_mu, nskip
<出力結果> A_{11}, A_{22}, A_{12}, μ_1, μ_2, 更新の提案の受理確率
<プログラムの内容>

HMC 法でのベイズ更新のプログラムです. nsample = n 個のサンプル $\{x^{(1)}, y^{(1)}\}, \cdots, \{x^{(n)}, y^{(n)}\}$ を平均して得られた av_x = $\overline{x}$, av_y = $\overline{y}$, av_xx = $\overline{xx}$, av_yy = $\overline{yy}$, av_xy = $\overline{xy}$ を用いて, 事前分布を $P(\{A_{ij}, \mu_i\}) \propto e^{-\frac{1}{2}\sum_{i,j}|A_{ij}|^2 - \frac{1}{2}\sum_i |\mu_i|^2}$ としてベイズ更新をします. 事前分布を変更したい場合は calc_action と calc_delh を書き変えて下さい.

ステップ幅 $\Delta\tau$ は $A_{ij}, p_{ij}^{(A)}$ と $\mu_i, p_i^{(\mu)}$ の各々について異なる値を用いることができます. A_{11}, A_{12}, A_{22} で異なる値を用いても良いのですが, あまり細かく場合分けしても面倒なので, このプログラムでは全ての $A_{ij}, p_{ij}^{(A)}$ について共通の値 $\Delta\tau_A$ を用いました. 同様に, 全ての $\mu_i, p_i^{(\mu)}$ について共通の値 $\Delta\tau_\mu$ を用いました.

● HMC 法での行列積分 (6.1.5 節)

<ファイル名> matrix_HMC.cpp
<指定するパラメーター> nmat, niter, ninit, ntau, dtau
<出力結果>

output.txt: 作用の期待値 $\langle S \rangle$, 更新の提案の受理確率
configuration.dat: 最後の配位

<プログラムの内容>

式 (6.26) で定義されている行列のモデルのシミュレーションコードです．**Molecular_Dynamics** では，運動量をガウス分布に従うようにランダムに生成し，配位を時間発展させ，ハミルトニアンを計算しています．**calc_hamiltonian** はハミルトニアンを計算，**calc_delh** は ϕ に働く「力」$\frac{\partial H}{\partial \phi_{ji}} = \frac{\partial S}{\partial \phi_{ji}}$ を計算，**calc_action** は作用 $S(\phi)$ を計算します．

行列サイズ **nmat** が大きいとシミュレーションに時間がかかってしまうので，シミュレーションを分割できるようにしています．シミュレーションの最後の配位を **configuration.dat** というファイルに保存するようになっており，**ninit** が 0 の時は **onfiguration.dat** から配位を読み込んでシミュレーションを開始します．

このプログラムでは，擬似乱数列の情報は保存せず，毎回システムの時間情報を種に乱数の種を設定するようにしています．もっと本格的なシミュレーションをする場合には，擬似乱数列の情報を配位とともに保存することをお勧めします．

A5 ギブスサンプリング法（熱浴法）

● ギブスサンプリング法での多変数ガウス積分（6.2.3 節）

<ファイル名> **Gaussian_Gibbs.cpp**
<指定するパラメーター> **niter**
<出力結果> x, y, z
<プログラムの内容>

三変数ガウス分布のシミュレーションコードです．**main** の中で A_{ij} を好きな値に設定できます．

● ギブスサンプリング法での二次元イジング模型のシミュレーション（7.2.3 節）

<ファイル名> **2d_Ising_Heat_Bath.cpp**
<指定するパラメーター> **niter, nx, ny, coupling_J, coupling_h, temperature, nskip, nconfig**
<出力結果>
　output.txt: スピンの合計値，エネルギー
　output_config.txt: 最後の配位（x 座標，y 座標，スピン）
<プログラムの内容>

ギブスサンプリング法（熱浴法）での二次元イジング模型のシミュレーションコードです．パラメーター設定はメトロポリス法の時と同じです．

ギブスサンプリングでもメトロポリス法と同様に相転移点付近で自己相関が長くなってしまうので，シミュレーションを継続できるように，最後の配位を **output_config.txt** というファイルに保存します．

A6　併せ技

- ギブスサンプリング法とメトロポリスの併せ技での二変数ガウス分布のベイズ更新（7.1.5 節）

<ファイル名> **Bayes_Gaussian_Gibbs.cpp**

<指定するパラメーター> **niter, av_x, av_y, av_xx, av_yy, av_xy, nsample, step_A, nskip**

<出力結果> A_{11}, A_{22}, A_{12}, μ_1, μ_2, 更新の提案の受理確率

<プログラムの内容>

　μ にギブスサンプリング法，A_{ij} にメトロポリス法を用いてベイズ更新をするプログラムです．**nsample** $= n$ 個のサンプル $\{x^{(1)}, y^{(1)}\}, \cdots, \{x^{(n)}, y^{(n)}\}$ を平均して得られた **av_x** $= \overline{x}$, **av_y** $= \overline{y}$, **av_xx** $= \overline{xx}$, **av_yy** $= \overline{yy}$, **av_xy** $= \overline{xy}$ を用いて，事前分布を $P(\{A_{ij}, \mu_i\}) \propto e^{-\frac{1}{2}\sum_{i,j}|A_{ij}|^2 - \frac{1}{2}\sum_i |\mu_i|^2}$ としてベイズ更新をします．メトロポリス法のステップ幅を **step_A** としています．**nskip** はサンプル採取頻度です．**niter** と **nsample** が紛らわしいので気を付けて下さい．**niter** はシミュレーションで採取するサンプル数，**nsample** は $\overline{x}$ などの計算に用いたサンプル数（本文中の n）です．

A7　クラスター法

- Wolff アルゴリズムでの二次元イジング模型のシミュレーション（7.2.4 節）

<ファイル名> **2d_Ising_Wolff.cpp**

<指定するパラメーター> **niter, nx, ny, coupling_J, coupling_h, temperature, nskip, nconfig**

<出力結果>

　output.txt: スピンの合計値，エネルギー

　output_config.txt: 配位（x 座標，y 座標，スピン）

<プログラムの内容>

　Wolff アルゴリズムで二次元イジング模型をシミュレーションするためのプログラムです．**nskip** ステップ毎にスピンの合計値とエネルギーを測定して **output.txt** というファイルに出力します．**nconfig** が正の整数の時，**nconfig** ステップ毎に **output_config.txt** というファイルにスピン配位を保存します（メトロポリス法と熱浴法のコードとは **nconfig** の意味が違うので気を付けて下さい）．初期配位としては全てのスピンを上向きとしています．

　make_cluster が肝となる部分で，クラスターを構成します．**main** はとてもシンプルで，**make_cluster** を呼び出してクラスターを構成し，メトロポリステストの結果次第でクラスターのスピンを反転させているだけです．

A8　レプリカ交換法

- レプリカ交換法の簡単な例（7.3.3 節）

<ファイル名> **replica_simple_example.c**

<指定するパラメーター> **nbeta**, **niter**, **step_size**, **dbeta**
<出力結果> **nbeta** $= 20, 200, 2000$ での x の値
<プログラムの内容>

$f(x) = (x-1)^2 \cdot \left((x+1)^2 + 0.01\right)$ という関数に対するレプリカ交換法のプログラムです. **nbeta** は $\beta = \frac{1}{T}$ の数（レプリカの個数）, **dbeta** は β の間隔で, β の値には $\beta = \mathrm{dbeta}, \mathrm{dbeta} \times 2, \cdots, \mathrm{dbeta} \times \mathrm{nbeta}$ を用います. 各レプリカごとにステップ幅 **step_size** のメトロポリス法で更新したあと, レプリカの交換をこれまたメトロポリス法で行っています.

● **レプリカ交換法での巡回セールスマン問題のシミュレーション（7.3.3 節）**

<ファイル名> **replica_salesman.c**
<指定するパラメーター> **nbeta**, **niter**, **step_size**, **dbeta**
<出力結果> **output.txt**: 試行回数, 最も低温のレプリカでの r_{total}, これまでに見つかった最小の r_{total} を表示した後, シミュレーションの最後で最も低温のレプリカでの経路に沿って都市の座標を順番に表示します.

output_config.txt: 配位（都市の座標, 各レプリカでの経路）
<プログラムの内容>

レプリカ交換法で巡回セールスマン問題を解くプログラムです.

nbeta は $\beta = \frac{1}{T}$ の数（レプリカの個数）, **dbeta** は β の間隔で, β の値には $\beta = \mathrm{dbeta}, \mathrm{dbeta} \times 2, \cdots, \mathrm{dbeta} \times \mathrm{nbeta}$ を用います. **ncity** は都市の数です.

ninit が 0 なら **100_cities.txt** から都市の座標を読み込んでシミュレーションを開始します. **ninit** が 1 の時には, **input_config.txt** から配位（都市の座標, 各レプリカでの経路）を読み込みます. 2 であれば $0 < x < 1$, $0 < y < 1$ の一様乱数を用いて都市の座標をランダムに設定します.

calc_distance は合計距離 r_{total} を計算します.

二つの都市の順番を入れ替えた時の距離の変化 $\Delta r_{\mathrm{total}}$ を計算するには r_{total} を計算する必要はないのですが, 面倒なので入れ替えの前後で r_{total} を計算してから差を取っています. ここを改善すれば, シミュレーションを大幅に高速化できます.

本文で説明したステップ 1 とステップ 2 を交互に繰り返していますが, ステップ 1 を何回か繰り返してからステップ 2 を一回行う, といった変更を加えて効率を上げることも簡単にできます.

シミュレーション終了時の情報が **output_config.txt** に保存されるので, ファイル名を **input_config.txt** に変更し, **ninit** を 1 に取ることでシミュレーションを継続することができます.

B 数学関係の補足

B1 行列

m 行 n 列の行列（Matrix）M を考えます．全ての成分をあらわに書くと

$$M = \begin{pmatrix} M_{11} & M_{12} & \cdots & M_{1n} \\ M_{21} & M_{22} & \cdots & M_{2n} \\ \vdots & \vdots & \ddots & \vdots \\ M_{m1} & M_{m2} & \cdots & M_{mn} \end{pmatrix} \tag{B.1}$$

となります．横方向が「行」（上から順に 1 行目，2 行目，…），縦方向が「列」（左から順に 1 列目，2 列目，…）です．i 行目かつ j 列目の M_{ij} を (i, j) 成分と呼びます．$m = n$ の時，行列 M は正方行列であるといいます．

成分が全て実数の時は実行列，一般の複素数で良い場合には複素行列と呼びます．ベクトルは行列の特殊な場合と思えます．$n = 1$ の時には「m 成分の列ベクトル」，$m = 1$ の時には「n 成分の行ベクトル」と呼びます．

- **足し算，引き算，スカラー倍**

足し算は単に成分毎に行います．すなわち，$M + M'$ の (i, j) 成分は $(M + M')_{ij} = M_{ij} + M'_{ij}$ です．引き算も同様です．

行列の全ての成分に同じ数を掛ける操作を「スカラー倍する」と言います．c を掛ける場合，cM と書いて，(i, j) 成分が cM_{ij} である行列を表します．

- **掛け算**

M を $l \times m$ 行列，M' を $m \times n$ 行列とします．この時，M と M' の積 MM' を，

$$(MM')_{ij} = \sum_{k=1}^{m} M_{ik} M'_{kj} \tag{B.2}$$

である $l \times n$ 行列として定義します．

行列の掛け算をこのように定義すると自然であることを理解するために次のような例を考えてみましょう．2 成分の列ベクトル $\vec{v} = \begin{pmatrix} x \\ y \end{pmatrix}$ を用いて平面上の座標を表すことにします．極座標を使って

$$\vec{v} = \begin{pmatrix} x \\ y \end{pmatrix} = \begin{pmatrix} r\cos\theta \\ r\sin\theta \end{pmatrix} \tag{B.3}$$

と書くことにしましょう．この列ベクトルに左から 2 行 2 列の正方行列

$$M(\phi) = \begin{pmatrix} \cos\phi & -\sin\phi \\ \sin\phi & \cos\phi \end{pmatrix} \tag{B.4}$$

を掛けると，

$$M(\phi) \cdot \vec{v} = \begin{pmatrix} r\cos(\theta + \phi) \\ r\sin(\theta + \phi) \end{pmatrix} \tag{B.5}$$

となります．すなわち $M(\phi)$ は角度 ϕ の回転を表します．角度 ϕ_1 の回転に引き続いて角度 ϕ_2 の回転をすれば角度 $\phi_1 + \phi_2$ の回転になるはずですが，これは行列の掛け算を用いて $M(\phi_2) \cdot M(\phi_1) = M(\phi_1 + \phi_2)$ という形で自然に実現されます．高次元の空間の回転や，ある方向に引き伸ばしたり縮めたりといったような回転よりも少し複雑な操作も行列を用いて表すことができ，二つの行列の掛け算は二つの操作の合成と解釈できるようになっています．

- **逆行列**

  正方行列 M に対し，$M^{-1}M = 1$ となる行列を M の逆行列と呼びます．M が回転を表す場合には，M^{-1} は単に逆向きの回転です．逆行列 M^{-1} が存在する時，行列 M は可逆であると言います．

- **転置，エルミート共役**

  m 行 n 列の行列 M の転置 M^{T} を $\left(M^{\mathrm{T}}\right)_{ij} = M_{ji}$ となる n 行 m 列の行列として定義します．

  m 行 n 列の複素行列 M のエルミート共役 $M^{\dagger}$ を $\left(M^{\dagger}\right)_{ij} = M_{ji}^{*}$ となる n 行 m 列の複素行列として定義します．$*$ は複素共役を表します．$M^{\dagger} = \left(M^{\mathrm{T}}\right)^{*}$ なので，エルミート共役は転置と複素共役を組み合わせたものです．

  $M^{\mathrm{T}} = M$ となる行列を対称行列，$M^{\dagger} = M$ となる行列をエルミート行列と呼びます．

- **行列式**

  $n \times n$ の正方行列 M に対し，行列式を

$$\det M = \sum_{\sigma} \mathrm{sgn}(\sigma) \prod_{i=1}^{n} M_{i\sigma(i)} \tag{B.6}$$

で定義します．σ は 1 から n までの n 個の整数の置換で，$\mathrm{sgn}(\sigma)$ は置換の符号です．

  例えば $n = 3$ の時は $(1,2,3)$ を $(1,2,3)$，$(1,3,2)$，$(2,1,3)$，$(2,3,1)$，$(3,1,2)$，$(3,2,1)$ に変える合計 6 通りの置換があります．全ての置換は二つの数字の入れ替え（「互換」）を繰り返して得られます．$(1,2,3) \to (2,3,1)$ は $(1,2,3) \to (2,1,3) \to (2,3,1)$ という二回の互換で得られます．置換の符号 $\mathrm{sgn}(\sigma)$ は，σ が偶数回の互換で表される時に $+1$，奇数回の互換で表される時に -1 とします．

  行列式は，M で表される変換で体積が何倍に変わるかを表します．

  定義に従って計算すると，行列の積の行列式は行列式の積になることがわかります：

$$\det\left(MM'\right) = \det M \cdot \det M'. \tag{B.7}$$

このことと，単位行列の行列式が 1 であることから，

$$\det M^{-1} = \frac{1}{\det M} \tag{B.8}$$

が従います. したがって, 可逆行列の行列式はゼロではあり得ないことがわかります.

M が可逆な行列 A を用いて $A^{-1}MA = \mathrm{diag}(d_1, \cdots, d_n)$ と対角化できる時には,

$$\det(A^{-1}MA) = \det A^{-1} \cdot \det M \cdot \det A = \det M \tag{B.9}$$

なので, 行列式は固有値 $d_1, d_2, \cdots, d_n$ の積になります:

$$\det M = d_1 \times d_2 \times \cdots \times d_n. \tag{B.10}$$

- **行列の log, exp など**

  正方行列 M に対し, 指数関数を

$$e^M = \sum_{k=0}^{\infty} \frac{M^k}{k!} \tag{B.11}$$

で定義します. M が可逆な行列 A を用いて $A^{-1}MA = \mathrm{diag}(d_1, \cdots, d_n)$ と対角化できる時には, e^M も $e^M = A \times \mathrm{diag}(e^{d_1}, \cdots, e^{d_n}) \times A^{-1}$ と書けます. 対数関数は指数関数の逆関数なので, M の固有値が全て正の実数であれば $\log M = A \times \mathrm{diag}(\log d_1, \cdots, \log d_n) \times A^{-1}$ と定義できます. また, M の固有値の絶対値が全て 1 未満であれば,

$$\log(1 + M) = \sum_{n=1}^{\infty} \frac{(-1)^{n-1} M^n}{n} \tag{B.12}$$

と冪級数展開できます.

大きな行列を対角化するのは大変なので, 計算量を節約したい場合には冪級数展開を近似が十分に良くなる次数で打ち切ります.

7.1.2 節と 7.1.5 節で用いた

$$\frac{\partial \mathrm{Tr} \log M}{\partial M_{ij}} = M_{ji}^{-1} \tag{B.13}$$

を証明してみましょう.

$$\log M = \log(1 - (1 - M)) = -\sum_{k=1}^{\infty} \frac{(1 - M)^k}{k} \tag{B.14}$$

なので,

$$\frac{\partial \mathrm{Tr} \log M}{\partial M_{ij}} = \sum_{k=1}^{\infty} (1 - M)_{ji}^{k-1} = (1 - (1 - M))_{ji}^{-1} = M_{ji}^{-1} \tag{B.15}$$

がわかります.

$$\log \det M = \mathrm{Tr} \log M \tag{B.16}$$

も証明してみましょう. M が対角化できる時には, 両辺共に $\sum_{i=1}^{n} \log d_i$ であることはすぐにわかります. M が対角化できない場合にも, 三角化は可能です. すなわち, 可逆行列 A をうまく選んで, $M = AUA^{-1}$, U は上三角行列 ($i < j$ ならば $U_{ij} = 0$) とすることができます. この時, U の対角成分を $U_{ii} = u_i$ として, $\det M = \prod_i u_i$ であり, したがって

$$\log \det M = \sum_{i=1}^{n} \log u_i \tag{B.17}$$

です. また, 任意の自然数 k について U^k の対角成分が $(U^k)_{ii} = u_i^k$ であることに注意すれば

$$\mathrm{Tr} \log M = \mathrm{Tr} \log U = -\sum_{k=1}^{\infty} \frac{\mathrm{Tr}\left[(\mathbf{1} - U)^k\right]}{k}$$

$$= -\sum_{k=1}^{\infty} \sum_{i=1}^{n} \frac{(1 - u_i)^k}{k} = \sum_{i=1}^{n} \log u_i \tag{B.18}$$

となります.

B2 ガウス積分

● 一変数ガウス積分

$$\int_{-\infty}^{\infty} dx\, e^{-\frac{x^2}{2}} = \sqrt{2\pi} \tag{B.19}$$

の証明から始めましょう. この問題は大学の数学演習の定番です. $I \equiv \int dx\, e^{-\frac{x^2}{2}}$ として,

$$I^2 = \int_{-\infty}^{\infty} dx\, e^{-\frac{x^2}{2}} \times \int_{-\infty}^{\infty} dy\, e^{-\frac{y^2}{2}} = \int_{-\infty}^{\infty} dx \int_{-\infty}^{\infty} dy\, e^{-\frac{x^2 + y^2}{2}} \tag{B.20}$$

となります. 極座標 $x = r\cos\theta, y = r\sin\theta$ を用いると

$$I^2 = \int_0^{2\pi} d\theta \int_0^{\infty} dr\, r\, e^{-\frac{r^2}{2}} = 2\pi \cdot \left[-e^{-\frac{r^2}{2}}\right]_0^{\infty} = 2\pi \tag{B.21}$$

したがって $I = \sqrt{2\pi}$ となります.

この結果を用いれば $\int_{-\infty}^{\infty} dx\, e^{-\frac{1}{2}\frac{x^2}{\sigma^2}} = \sqrt{2\pi}\sigma$ も示すことができます. $y = \frac{x}{\sigma}$ として, $\int_{-\infty}^{\infty} dx\, e^{-\frac{1}{2}\frac{x^2}{\sigma^2}} = \sigma \int_{-\infty}^{\infty} dy\, e^{-\frac{y^2}{2}}$ とするだけです.

以上から,

$$\int_{-\infty}^{\infty} \frac{dx}{\sqrt{2\pi}\sigma} e^{-\frac{x^2}{2\sigma^2}} = 1 \tag{B.22}$$

がわかります.

$$\int_{-\infty}^{\infty} \frac{dx}{\sqrt{2\pi}\sigma} e^{-\frac{(x-\mu)^2}{2\sigma^2}} = 1 \tag{B.23}$$

も，変数をシフトするだけで示せます．

● **多変数ガウス積分**

d 個の変数 $y_1, y_2, \cdots, y_d$ の規格化されたガウス分布

$$\rho(y_1, \cdots, y_d) = \frac{e^{-\frac{1}{2}\sum_{i=1}^d (y_i - \nu_i)^2}}{(2\pi)^{d/2}} \tag{B.24}$$

から出発します．$N \times N$ の可逆な実行列 M を用いて $x_i = \sum_j M_{ij}^{-1} y_j$, $\mu_i = \sum_j M_{ij}^{-1} \nu_j$ で x_i, μ_i を定義すると，$A = M^T M$ を用いて

$$e^{-\frac{1}{2}\sum_{i=1}^d (y_i - \nu_i)^2} = e^{-\frac{1}{2}\sum_{i,j=1}^d A_{ij}(x_i - \mu_i)(x_j - \mu_j)} \tag{B.25}$$

と書き直せます．積分測度の変換も考慮すると

$$\rho(x_1, \cdots, x_d) = \sqrt{\frac{\det A}{(2\pi)^d}} e^{-\frac{1}{2}\sum_{i,j=1}^d A_{ij}(x_i - \mu_i)(x_j - \mu_j)} \tag{B.26}$$

が規格化されている，すなわち $\int_{-\infty}^{\infty} dx_1 \cdots \int_{-\infty}^{\infty} dx_d \rho(x_1, \cdots, x_d) = 1$ であることがわかります．そこで，(B.26) を一般化されたガウス分布とみなすことにします．一般に，A の固有値が全て正であれば，(B.26) から逆解きして標準形 (B.24) に戻れます．また，A の固有値が全て正でない限り，積分が収束せず，確率分布という解釈ができません．

なぜ綺麗な標準形 (B.24) ではなくて (B.26) のようなゴチャゴチャした式を考えるのでしょうか？　もちろん，色々な利点があるからです．例えば，x_1 と x_2 が犬と猫の数に相当する場合，y_1, y_2 は例えば $0.1 \times$ (犬の数) $+ 1.2356 \times$ (猫の数) のような意味のわからない数になってしまいます．したがって，(B.26) を用いた方が分布の意味を解釈しやすいでしょう．また，7.1 節で説明した手法では，データを x_i と思うと，データから A_{ij} と μ_i が決められます．いきなり標準形 (B.24) を得ることはできません．

C　ハミルトン方程式

ハミルトン方程式 (6.1) について，HMC 法を理解するために必要な範囲に限って解説します．まず，物理の知識がある人にとってわかり易くなるように，S の代わりに V という記号を使わせて下さい．すると，ハミルトニアン H は

$$H = \frac{1}{2}\sum_{i=1}^k p_i^2 + V(x_1, \cdots, x_k) \tag{C.1}$$

と表されます．k 個の粒子が存在し，x_i と p_i が i 番目の粒子の座標と運動量である

と解釈することにしましょう．ただし，粒子の質量 m は 1 とします．すると，ハミルトニアンをエネルギーと同一視できます．右辺の第一項は（質量を 1 とした時の）運動エネルギー，第二項はポテンシャルエネルギーと解釈できます．ハミルトン方程式 (6.1) をもう一度書き直すと

$$\frac{dp_i}{d\tau} = -\frac{\partial H}{\partial x_i} = -\frac{\partial V}{\partial x_i}, \qquad \frac{dx_i}{d\tau} = \frac{\partial H}{\partial p_i} = p_i \tag{C.2}$$

です．$-\frac{\partial V}{\partial x_i}$ が i 番目の粒子に働く力であったことから，一つ目の式は「運動量の変化 ＝ 力」というニュートンの法則そのものです．運動量 p と速度 v は $p = mv$ で関係付けられるので，質量 m が 1 であれば $p = v$ です．したがって，二番目の式は「座標の変化率 ＝ 速度」と言っているだけで，速度の定義そのものです．

　以上で，ハミルトン方程式が運動方程式と同じものであることがわかりました．ハミルトニアンはエネルギーと同じものなので，運動方程式に従った時間発展のもとで不変です．これを式を使って簡単に確かめるには，

$$\frac{dH}{d\tau} = \sum_i \left(\frac{dx_i}{d\tau}\frac{\partial H}{\partial x_i} + \frac{dp_i}{d\tau}\frac{\partial H}{\partial p_i} \right) \tag{C.3}$$

を用います．これとハミルトン方程式を組み合わせると，

$$\frac{dH}{d\tau} = \sum_i \left(\frac{\partial H}{\partial p_i}\frac{\partial H}{\partial x_i} - \frac{\partial H}{\partial x_i}\frac{\partial H}{\partial p_i} \right) = 0 \tag{C.4}$$

がわかります．

D　ジャックナイフ法

　4.3.3 節でジャックナイフ法を導入した際，計算したい量がサンプルごとに計算できると仮定しました．もっと一般の場合，例えば x の分散 $\langle (x - \langle x \rangle)^2 \rangle$ の誤差を評価するにはどうしたら良いでしょうか？

　そのような場合に対するジャックナイフ法は次のようなものです．まず，計算したい量を f とします．まず，4.3.3 節でやったのと同様に，配位を w 個まとめてグループ分けします．一つ目のグループは $\{x^{(1)}, x^{(2)}, \cdots, x^{(w)}\}$，二つ目のグループは $\{x^{(w+1)}, x^{(w+2)}, \cdots, x^{(2w)}\}$，という具合です．このようにして合計 n 個のグループに分けられたとしましょう．k 番目のグループを取り除いて計算した f の値を $\overline{f}^{(k,w)}$ と呼ぶことにします：

$$\overline{f}^{(k,w)} \equiv (k\text{ 番目のグループを取り除いて計算した }f\text{ の値}). \tag{D.1}$$

例えば f として分散を考えると，1000 サンプルを $n = 10$ 個の組に分ければ，$k = 1, 2, \cdots, n = 10$ のそれぞれについて，900 サンプルで分散を計算するわけです．このようにして計算した n 個の $\overline{f}^{(k,w)}$ の平均値 $\overline{f}$ を求めたい f の値として採用します：

$$\overline{f} \equiv \frac{1}{n} \sum_k \overline{f}^{(k,w)}. \tag{D.2}$$

ジャックナイフ誤差は

$$\Delta_w \equiv \sqrt{\frac{n-1}{n} \sum_k \left(\overline{f}^{(k,w)} - \overline{f} \right)^2} \tag{D.3}$$

と定義されます.

　以上の定義は, f がサンプルごとに計算できる場合には 4.3.3 節で与えたものと同じになっています.

E　共役勾配法（CG 法）

　7.4.2 節に登場した共役勾配法（Conjugate Gradient 法）を紹介します. 記号などは文献 [49] に従っています. 解きたい方程式は

$$A\vec{x} = \vec{b} \tag{E.1}$$

です. ただし, A は正定値エルミート行列（固有値が全て正のエルミート行列）とします. 正しい答えに収束するような $\vec{x}_1, \vec{x}_2, \cdots$ という近似解を構成します.

　なぜうまくいくのかの説明は後回しにして, まず手順を説明します.

共役勾配法（CG 法）

1. 何でも良いので解の候補 $\vec{x}_1$ を選ぶ. これから, $\vec{r}_1$ と $\vec{p}_1$ を $\vec{r}_1 = \vec{p}_1 = \vec{b} - A\vec{x}_1$ と定義する.
   以下, $\vec{x}_k$ を次のようにして構成していく:
2. $\alpha_k = \frac{\vec{r}_k^\dagger \cdot \vec{r}_k}{\vec{p}_k^\dagger \cdot A\vec{p}_k}$.
3. $\vec{x}_{k+1} = \vec{x}_k + \alpha_k \vec{p}_k$.
4. $\vec{r}_{k+1} = \vec{r}_k - \alpha_k A\vec{p}_k$.
5. $\beta_k = \frac{\vec{r}_{k+1}^\dagger \cdot \vec{r}_{k+1}}{\vec{r}_k^\dagger \cdot \vec{r}_k}$.
6. $\vec{p}_{k+1} = \vec{r}_{k+1} + \beta_k \vec{p}_k$.

　ステップ 3 とステップ 4 を組み合わせると, $\vec{r}_{k+1} + A\vec{x}_{k+1} = \vec{r}_k + A\vec{x}_k$ となっていることがわかります. これが任意の k について成立するので, ステップ 1 から, $\vec{r}_k = \vec{b} - A\vec{x}_k$ となっていることがわかります. $\vec{r}_k$ は厳密解からのズレを表すので, 残差ベクトルと呼ばれます. $\vec{r}_k$ が十分小さくなった時点で計算を打ち切れば, 精度の良い近似解が得られます.

　なぜ $\vec{x}_k$ が $A\vec{x} = \vec{b}$ の解に収束するのでしょうか. あるいは, 同じことですが, な

ぜ残差ベクトル $\vec{r}_k$ がゼロに収束するのでしょうか.

まず，A が正定値エルミート行列であることから，任意のベクトル $\vec{v}$ に対して $\vec{v}^\dagger A^{-1}\vec{v} \geq 0$ が成り立ちます．等号が成立するのは $\vec{v} = 0$ の時だけです．したがって，$\vec{r}_k^\dagger A^{-1}\vec{r}_k$ がゼロに収束すれば正しい解が得られます．同じことですが，

$$\vec{x}^\dagger A\vec{x} - \vec{b}^\dagger \vec{x} - \vec{x}^\dagger \vec{b} \tag{E.2}$$

を最小化できれば解が得られます．これを $\vec{x}^\dagger$ で微分すると $A\vec{x} - \vec{b}$ になるので，$-\vec{r}_k$ は $\vec{x} = \vec{x}_k$ での勾配ベクトルになっています[*1]．したがって，$\vec{x}_k \to \vec{x}_k + \epsilon \vec{r}_k$ とするのであれば最急降下法です．しかし，ステップ 3 とステップ 6 からわかるように，共役勾配法では，$\vec{r}_k$ とは少し違う $\vec{p}_k$ を用いて坂道を下っていきます.

少々天下り的ですが，$i \neq j$ の時に $\vec{p}_i^\dagger A\vec{p}_j = 0$ であるような $\vec{p}_i$ を選ぶことができたとします（すぐ後で示しますが，上で説明した手順で構成した $\vec{p}_i$ はこの性質を満たします）．このような $\vec{p}_i$ は線型独立なので，解きたい方程式の解を

$$\vec{x} \equiv \vec{x}_1 + \sum_{i=1}^{D} \alpha_i \vec{p}_i \tag{E.3}$$

と表すことができます．ただし，D は変数の個数です．すると，和を途中で打ち切って

$$\vec{x}_k \equiv \vec{x}_1 + \sum_{i=1}^{k} \alpha_i \vec{p}_i \tag{E.4}$$

と定義すれば，$\vec{x}_1 \to \vec{x}_2 \to \cdots \vec{x}_k \to \cdots \to \vec{x}_D$ という列は正しい解に収束します．$\vec{x}_D$ は確実に欲しい解に一致します．上で説明した手順で構成した $\vec{p}_i$ と α_i を用いると，このような収束列が構成できています．それを確認するのは少々大変ですが，次のようにして可能です.

まず，$i \neq j$ であれば $\vec{r}_i^\dagger \vec{r}_j = 0$ と $\vec{p}_i^\dagger A\vec{p}_j = 0$ が成り立つことを帰納法で証明しましょう．この二つの式が任意の $i, j \leq k$ で成り立つと仮定した時，$i, j \leq k+1$ でも同じ式が成り立つことを示します．$i \leq k$ として，

$$\begin{aligned}
\vec{r}_i^\dagger \vec{r}_{k+1} &= \vec{r}_i^\dagger \left(\vec{r}_k - \alpha_k A\vec{p}_k \right) \\
&= \vec{r}_i^\dagger \vec{r}_k - \alpha_k \vec{r}_i^\dagger A\vec{p}_k \\
&= \vec{r}_i^\dagger \vec{r}_k - \alpha_k \left(\vec{p}_i^\dagger - \beta_{i-1}\vec{p}_{i-1}^\dagger \right) A\vec{p}_k \\
&= \vec{r}_i^\dagger \vec{r}_k - \alpha_k \vec{p}_i^\dagger A\vec{p}_k \tag{E.5}
\end{aligned}$$

となります．これは $i < k$ では帰納法の仮定によりゼロ，$i = k$ の時は α_k の定義によりゼロです．同様に，

$$\begin{aligned}
\vec{p}_i^\dagger A\vec{p}_{k+1} &= \vec{p}_i^\dagger A \left(\vec{r}_{k+1} + \beta_k \vec{p}_k \right) \\
&= \vec{p}_i^\dagger A\vec{r}_{k+1} + \beta_k \vec{p}_i^\dagger A\vec{p}_k \\
&= \frac{1}{\alpha_i} \left(\vec{r}_i^\dagger - \vec{r}_{i+1}^\dagger \right) \vec{r}_{k+1} + \beta_k \vec{p}_i^\dagger A\vec{p}_k
\end{aligned}$$

[*1]　正しい解以外では勾配がゼロにならないので，局所最適解に捕まる心配はありません.

$$= -\frac{\vec{r}_{i+1}^\dagger \vec{r}_{k+1}}{\alpha_i} + \beta_k \vec{p}_i^\dagger A \vec{p}_k \tag{E.6}$$

ですが，これは $i < k$ の時は帰納法の仮定によりゼロ，$i = k$ の時は α_k と β_k の定義によりゼロです．これで (E.3) のような展開が正当化できました．

さらに，ステップ 4 から，$\alpha_k A \vec{p}_k = \vec{r}_k - \vec{r}_{k+1}$ なので，$\sum_{k=1}^{D} \alpha_k A \vec{p}_k = \vec{r}_1$ であり，ステップ 1 と組み合わせて $\sum_{k=1}^{D} \alpha_k A \vec{p}_k = \vec{b} - A\vec{x}_1$ であることがわかります．これは $A\left(\vec{x}_1 + \sum_{k=1}^{D} \alpha_k \vec{p}_k\right) = \vec{b}$ と等価なので，$\vec{x} = \vec{x}_1 + \sum_{k=1}^{D} \alpha_k \vec{p}_k$ が実際に解になっていることがわかります．実用上は，残差ベクトルが十分小さくなったところで計算を打ち切ります．

共役勾配法では，各ステップで $\vec{p}_k$ の係数が確定し，一旦確定した係数は変化しません．言い換えると，k ステップ目を終えた段階で，解の探索をするべき方向が $\vec{p}_{k+1}, \vec{p}_{k+2}, \cdots, \vec{p}_D$ で張られる $D - k$ 次元に削減できています．この性質のおかげで効率の良い解の探索が可能になります．

共役勾配法で一番計算コストがかかるのは各ステップで行列 A をベクトルに掛けるところです．行列 A が疎行列（多くの成分がゼロであるような行列）だと，ゼロの部分は省いてしまって計算量を大幅に削減することが可能です．また，並列計算もそれほど難しくありません．

E1　BiCG 法

共役勾配法は，A が正定値エルミート行列である場合に使えました．一般の可逆な疎行列 M について $M\vec{x} = \vec{b}$ を解きたい場合には biCG 法が便利です[*2]．

---

biCG 法

1. 何でも良いので解の候補 $\vec{x}_1$ を選ぶ．これから，これから，$\vec{r}_1, \vec{r}_1, \vec{p}_1, \vec{p}_1$ を $\vec{r}_1 = \vec{r}_1 = \vec{p}_1 = \vec{p}_1 = \vec{b} - M\vec{x}_1$ と定義する．
　　以下，$\vec{x}_k$ を次のようにして構成していく：
2. $\alpha_k = \frac{\vec{r}_k^{\mathrm{T}} \cdot \vec{r}_k}{\vec{p}_k^{\mathrm{T}} \cdot M \vec{p}_k}$.
3. $\vec{x}_{k+1} = \vec{x}_k + \alpha_k \vec{p}_k$.
4. $\vec{r}_{k+1} = \vec{r}_k - \alpha_k M \vec{p}_k, \vec{r}_{k+1} = \vec{r}_k - \alpha_k M^{\mathrm{T}} \vec{p}_k$.
5. $\beta_k = \frac{\vec{r}_{k+1}^{\mathrm{T}} \cdot \vec{r}_{k+1}}{\vec{r}_k^{\mathrm{T}} \cdot \vec{r}_k}$.
6. $\vec{p}_{k+1} = \vec{r}_{k+1} + \beta_k \vec{p}_k, \vec{p}_{k+1} = \vec{r}_{k+1} + \beta_k \vec{p}_k$.

エルミート共役 $\dagger$ ではなく転置 T を用いていることに注意して下さい．残差ベクトルは $\vec{r}_k = \vec{b} - M\vec{x}_k$ で，これが十分小さくなったら計算を打ち切ります．

[*2]　$A = MM^\dagger$ は正定値エルミート行列なので，深く考えずに $(MM^\dagger)\vec{y} = \vec{b}$ を解いて $\vec{y} = (MM^\dagger)^{-1}\vec{b} = (M^\dagger)^{-1}M^{-1}\vec{b}$ を求め，それに $M^\dagger$ を掛けて $M^\dagger \vec{y} = M^{-1}\vec{b} = \vec{x}$ を求めることもできます．

このやり方で正しい答えが得られることは，共役勾配法の場合と同じようにして確認できます．$\vec{r}_i^{\mathrm{T}}\vec{r}_j$ と $\vec{p}_i^{\mathrm{T}}M\vec{p}_j$ が $i \neq j$ の時にゼロになることは帰納法で示すことができます．二つ目の関係式から $\vec{p}_i$ 達が線型独立であることがわかり，したがって，解 $\vec{x}$ を $\vec{p}_i$ の線型結合として書けます．その係数が α_i であることを確認すれば証明が完了します．

E2　Multi-mass CG method

RHMC 法に不可欠な 'multi-mass' CG 法 [50] を説明します．

正定値な A と $\sigma > 0$ に対し，A_σ を次のように定義します：

$$A_\sigma = A + \sigma \cdot \mathbf{1}. \tag{E.7}$$

この時，

$$A_\sigma \vec{x} = \vec{b} \tag{E.8}$$

を複数の σ について計算量をほとんど増やさずに同時に解けるのが multi-mass CG 法です．

この σ は物理の言葉で質量（mass）によく似ています．複数の「質量」σ に対して同時に方程式を解くので 'multi-mass' という形容詞が用いられます．

鍵となるアイデアは，通常の CG 法に現れた

$$\begin{aligned}
\vec{r}_{k+1} &= \vec{r}_k - \alpha_k A\vec{p}_k, \\
\vec{p}_{k+1} &= \vec{r}_{k+1} + \beta_k \vec{p}_k
\end{aligned} \tag{E.9}$$

という漸化式から，A_σ についての漸化式

$$\begin{aligned}
\vec{r}_{k+1}^\sigma &= \vec{r}_k^\sigma - \alpha_k^\sigma A_\sigma \vec{p}_k^\sigma, \\
\vec{p}_{k+1}^\sigma &= \vec{r}_{k+1}^\sigma + \beta_k^\sigma \vec{p}_k^\sigma
\end{aligned} \tag{E.10}$$

が得られるというものです．ただし，σ 付きの係数は

$$\vec{r}_k^\sigma = \zeta_k^\sigma \vec{r}_k, \tag{E.11}$$

$$\alpha_k^\sigma = \alpha_k \cdot \frac{\zeta_{k+1}^\sigma}{\zeta_k^\sigma},$$

$$\beta_k^\sigma = \beta_k \cdot \left(\frac{\zeta_{k+1}^\sigma}{\zeta_k^\sigma}\right)^2,$$

$$\zeta_{k+1}^\sigma = \frac{\zeta_k^\sigma \zeta_{k-1}^\sigma \alpha_{k-1}}{\alpha_{k-1}\zeta_{k-1}^\sigma(1 + \alpha_k\sigma) + \alpha_k\beta_{k-1}(\zeta_{k-1}^\sigma - \zeta_k^\sigma)} \tag{E.12}$$

に従って決めます*3．さらに，初期条件を次のように選びます：

$$\vec{x}_1 = \vec{x}_1^\sigma = \vec{p}_0 = \vec{p}_0^\sigma = \vec{0},$$

---

*3　(E.9) から，

$$\vec{r}_{k+1} = \left(1 + \frac{\alpha_k\beta_{k-1}}{\alpha_{k-1}}\right)\vec{r}_k - \alpha_k A\vec{r}_k - \frac{\alpha_k\beta_{k-1}}{\alpha_{k-1}}\vec{r}_{k-1} \tag{E.13}$$

$$\vec{r}_1 = \vec{r}_1^\sigma = \vec{r}_0 = \vec{r}_0^\sigma = \vec{p}_1 = \vec{p}_1^\sigma = \vec{b},$$
$$\zeta_0^\sigma = \zeta_1^\sigma = \alpha_0 = \alpha_0^\sigma = \beta_0 = \beta_0^\sigma = 1. \tag{E.14}$$

勝手な初期条件を選んだら (E.12) は必ずしも満たされないことに注意して下さい.

以上から，CG 法を次のように変更すれば良いことがわかります:

multi-mass CG 法

1. (E.14) を満たすように初期条件を選ぶ.
   以下，$\vec{x}_k$ を次のようにして構成していく:
2. $\alpha_k = \frac{\vec{r}_k^\dagger \cdot \vec{r}_k}{\vec{p}_k^\dagger \cdot A\vec{p}_k}$.
3. (E.12) を用いて ζ_{k+1}^σ と α_k^σ を計算する.
4. $\vec{x}_{k+1}^\sigma = \vec{x}_k^\sigma + \alpha_k^\sigma \vec{p}_k^\sigma$.
5. $\vec{r}_{k+1} = \vec{r}_k - \alpha_k A\vec{p}_k$.
6. $\beta_k = \frac{\vec{r}_{k+1}^\dagger \cdot \vec{r}_{k+1}}{\vec{r}_k^\dagger \cdot \vec{r}_k}$.
7. (E.12) を用いて β_k^σ を計算する.
8. $\vec{p}_{k+1} = \vec{r}_{k+1} + \beta_k \vec{p}_k, \vec{p}_{k+1}^\sigma = \vec{r}_{k+1}^\sigma + \beta_k^\sigma \vec{p}_k^\sigma$.

このようにすれば，$\vec{x}_k^\sigma$ は誤差が $\vec{r}_k^\sigma$ の近似解になります:

$$\vec{r}_k^\sigma = \vec{b} - A_\sigma \vec{x}_k^\sigma. \tag{E.15}$$

が導けます．(E.10) からも同じような式が導けます．それらの係数を比較すると，(E.12) が得られます.

参考文献

[1] Makoto Matsumoto and Takuji Nishimura, "Mersenne twister: a 623-dimensionally equidistributed uniform pseudo-random number generator," ACM Trans. Model. Comput. Simul. 8, 3–30 (1998).

[2] J. Albert and J. Bennett, "Curve ball: Baseball, statistics, and the role of chance in the game," Springer Science & Business Media (2007).
「メジャーリーグの数理科学 上巻」,「メジャーリーグの数理科学 下巻」, 加藤貴昭 訳, 後藤寿彦監修, シュプリンガー数学リーディングス (2012).

[3] N. Metropolis, A. W. Rosenbluth, M. N. Rosenbluth, A. H. Teller and E. Teller, "Equation of State Calculations by Fast Computing Machines," The Journal of Chemical Physics, volume 21, number 6, 1087-1092 (1953).

[4] J. Sohl-Dickstein, M. Mudigonda and M. R. DeWeese, "Hamiltonian Monte Carlo Without Detailed Balance," Proceedings of the 31st International Conference on International Conference on Machine Learning - Volume 32.

[5] 青木慎也, 「格子上の場の理論」 (シュプリンガー現代理論物理学シリーズ), 丸善 出版 (2012).

[6] M. Hanada, M. Honda, Y. Honma, J. Nishimura, S. Shiba and Y. Yoshida, "Numerical studies of the ABJM theory for arbitrary N at arbitrary coupling constant," JHEP **1205**, 121 (2012).

[7] M. Troyer and U. J. Wiese, "Computational complexity and fundamental limitations to fermionic quantum Monte Carlo simulations," Phys. Rev. Lett. **94**, 170201 (2005).

[8] S. Duane, A. D. Kennedy, B. J. Pendleton and D. Roweth, "Hybrid Monte Carlo," Phys. Lett. B **195**, 216 (1987).

[9] M. A. Clark and A. D. Kennedy, "The RHMC algorithm for two flavors of dynamical staggered fermions," Nucl. Phys. Proc. Suppl. **129**, 850 (2004).

[10] M. A. Clark, "The Rational Hybrid Monte Carlo Algorithm," PoS LAT **2006**, 004 (2006).

[11] S. Aoki et al. [PACS-CS Collaboration], "2+1 Flavor Lattice QCD toward the Physical Point," Phys. Rev. D **79**, 034503 (2009).

[12] S. Durr et al., "Ab-Initio Determination of Light Hadron Masses," Science **322**, 1224 (2008).

[13] M. Hanada, Y. Hyakutake, G. Ishiki and J. Nishimura, "Holographic description of quantum black hole on a computer," Science **344**, 882 (2014).

[14] E. Berkowitz, E. Rinaldi, M. Hanada, G. Ishiki, S. Shimasaki and P. Vranas, "Precision lattice test of the gauge/gravity duality at large-N," Phys. Rev. D

94, no. 9, 094501 (2016).

[15] M. Hanada, "Markov Chain Monte Carlo for Dummies," arXiv:1808.08490 [hep-th].

[16] W. K. Hastings, "Monte Carlo sampling methods using Markov chains and their applications," Biometrika, Volume 57, Issue 1, pp.97 – 109 (1970).

[17] 豊田秀樹,「基礎からのベイズ統計学: ハミルトニアンモンテカルロ法による実践的入門」, 朝倉書店 (2015).

[18] 豊田秀樹 編著,「マルコフ連鎖モンテカルロ法」(統計ライブラリー), 朝倉書店 (2008).

[19] 須山敦志,「ベイズ推論による機械学習入門」, 講談社 (2017).

[20] 東京大学教養学部統計学教室 編,「自然科学の統計学」, 東京大学出版会 (1992).

[21] 伊藤清,「確率論」(岩波基礎数学選書), 岩波書店 (1991).

[22] 久保亮五 編,「大学演習 熱学・統計力学 [修訂版]」, 裳華房 (1998).

[23] 田崎晴明,「統計力学 II」(新物理学シリーズ 38), 培風館 (2008).

[24] L. Onsager, "Crystal Statistics. I. A Two-Dimensional Model with an Order-Disorder Transition," Phys. Rev. **65**, issue 3-4, 117–149 (1944).

[25] U. Wolff, "Collective Monte Carlo Updating for Spin Systems," Phys. Rev. Lett. **62**, No. 4, 361–364 (1989).

[26] R. Swendsen and J.-S. Wang, "Replica Monte Carlo Simulation of Spin-Glasses,". Physical Review Letters **57**, 2607-2609 (1986).

[27] 伊庭幸人, 種村正美, 大森裕浩, 和合肇, 佐藤整尚, 高橋明彦,「計算統計 II マルコフ連鎖モンテカルロ法とその周辺」(統計科学のフロンティア 12), 岩波書店 (2005).

[28] S. W. Hawking, "Particle Creation by Black Holes," Commun. Math. Phys. **43**, 199 (1975) Erratum: [Commun. Math. Phys. **46**, 206 (1976)].

[29] S. W. Hawking and D. N. Page, "Thermodynamics of Black Holes in anti-De Sitter Space," Commun. Math. Phys. **87**, 577 (1983).

[30] E. Witten, "Anti-de Sitter space, thermal phase transition, and confinement in gauge theories," Adv. Theor. Math. Phys. **2**, 505 (1998).

[31] M. Hanada, G. Ishiki and H. Watanabe, "Partial Deconfinement," JHEP **1903**, 145 (2019) Erratum: [JHEP **1910**, 029 (2019)].

[32] M. Hanada, A. Jevicki, C. Peng and N. Wintergerst, "Anatomy of Deconfinement," JHEP **1912**, 167 (2019).

[33] R. P. Feynman, R. B. Leighton and M. Sands, "The Feynman Lectures on Physics," https://www.feynmanlectures.caltech.edu 「ファインマン物理学 V 量子力学」, 砂川重信訳, 岩波書店 (1986).

[34] R. P. Feynman, "Space-time approach to nonrelativistic quantum mechanics," Rev. Mod. Phys. **20**, 367 (1948).

[35] R. P. Feynman, "Space - time approach to quantum electrodynamics," Phys. Rev. **76**, 769 (1949).

[36] K. G. Wilson, "Confinement of Quarks,"
Phys. Rev. D **10**, 2445 (1974).

[37] M. B. Green, J. H. Schwarz and E. Witten, "Superstring Theory. Vol. 1: Introduction,"
"Superstring Theory. Vol. 2: Loop Amplitudes, Anomalies And Phenomenology," Cambridge University Press (1987).

[38] J. Polchinski, "String theory. Vol. 1: An introduction to the bosonic string,"
"String theory. Vol. 2: Superstring theory and beyond," Cambridge University Press (1998).
「ストリング理論 第 1 巻」,「ストリング理論 第 2 巻」, 伊藤克司, 小竹悟, 松尾泰訳, 丸善出版 (2012).

[39] K. Becker, M. Becker and J. H. Schwarz, "String theory and M-theory: A modern introduction"

[40] B. Zwiebach, "A first course in string theory," Cambridge University Press (2009).
「初級講座弦理論 基礎編」,「初級講座弦理論 発展編」, 樺沢宇紀訳, 丸善プラネット (2013).

[41] 川合光,「はじめての〈超ひも理論〉」, 講談社現代新書 (2005).

[42] 大栗博司,「大栗先生の超弦理論入門」, 講談社ブルーバックス (2013).

[43] J. D. Bekenstein, "Black holes and entropy," Phys. Rev. D **7**, 2333 (1973).

[44] G. 't Hooft, "Dimensional reduction in quantum gravity," Conf. Proc. C **930308**, 284 (1993).

[45] L. Susskind, "The World as a hologram," J. Math. Phys. **36**, 6377 (1995).

[46] J. M. Maldacena, "The Large N limit of superconformal field theories and supergravity," Int. J. Theor. Phys. **38**, 1113 (1999) [Adv. Theor. Math. Phys. **2**, 231 (1998)].

[47] N. Itzhaki, J. M. Maldacena, J. Sonnenschein and S. Yankielowicz, "Supergravity and the large N limit of theories with sixteen supercharges," Phys. Rev. D **58**, 046004 (1998).

[48] J. C. Sexton and D. H. Weingarten, "Hamiltonian evolution for the hybrid Monte Carlo algorithm," Nucl. Phys. B **380**, 665 (1992).

[49] W. H. Press, S. A. Teukolsky, W. T. Vetterling and B. P. Flannery, "Numerical Recipes 3rd Edition: The Art of Scientific Computing," Cambridge University Press, New York, NY, USA. 2007.

[50] B. Jegerlehner, "Krylov space solvers for shifted linear systems," arXiv: hep-lat/9612014.

索　引

著者紹介

花田 政範 <small>はなだ まさのり</small>

2002年,京都大学理学部卒業.京都大学大学院理学研究科物理学・宇宙物理学専攻後期博士課程.博士(理学).現在,英・サリー大学数学科ラザフォードフェロー.

松浦 壮 <small>まつうら そう</small>

1998年,京都大学理学部卒業.京都大学大学院理学研究科物理学・宇宙物理学専攻後期博士課程.博士(理学).現在,慶應義塾大学教授.著書に『時間とはなんだろう 最新物理学で探る「時」の正体』(講談社ブルーバックス)など.

NDC007 223p 21cm

ゼロからできるMCMC（エムシーエムシー）
マルコフ連鎖モンテカルロ法の実践的入門

2020年6月23日 第1刷発行
2024年6月13日 第8刷発行

著者	花田政範・松浦壮 <small>はなだまさのり まつうらそう</small>
発行者	森田浩章
発行所	株式会社 講談社

〒112-8001 東京都文京区音羽2-12-21
販売 (03)5395-4415
業務 (03)5395-3615

KODANSHA

編集	株式会社 講談社サイエンティフィク
	代表 堀越 俊一

〒162-0825 東京都新宿区神楽坂2-14 ノービィビル
編集 (03)3235-3701

本文データ制作	藤原印刷 株式会社
印刷・製本	株式会社KPSプロダクツ

Printed in Japan
ISBN978-4-06-520174-9